A-Level 生物 核心词汇真经

刘洪波 主编
学为贵国际备考团队 编著

中国人民大学出版社
· 北京 ·

序言

随着全球化的不断深入，在我国进一步全面深化改革的战略部署下，我们比以往更需要学贯中西、懂得跨文化交流、具有全球视野和竞争力的国际化人才。

在这种大环境下，国际教育的热度持续升温，越来越多的家庭为孩子规划了出国留学的道路。作为国际教育领域的工作者，我们深知责任重大。不仅要让学生快速地掌握和运用英语，还要帮助学生筛选西方文化中的精华，更要夯实学生的学科基础知识，这三者缺一不可，相辅相成。

在国际课程的学习中，同学们常常会遇到各学科专业核心词汇带来的语言障碍。为了帮助同学们快速扫除这一障碍，学为贵集团的老师们特地编写了这套包括数学、物理、化学、生物、经济五大热门学科的国际课程词汇书。

作为一名资深的国际教育工作者，我对这套词汇书的问世感到无比欣喜。它不仅体现了我们对教育的热爱和执着，也反映了我们对国际教育发展方向的期待。这套词汇书不仅是一套工具书，更是一座通往世界知识的桥梁。

本套词汇书的亮点在于其独特的编排方式和丰富的内容选材，主要有以下 5 点。

亮点 1：单词按逻辑记忆法排序。

将本学科同一知识点涉及的常考单词放在一起，方便同学们记忆和使用。这样的编排方式有助于同学们在理解和运用学科知识时更加连贯。

例如，在数学词汇中，将与三角函数、微分、概率、随机变量等知识点相关的单词进行集中编排。这样，学生们在记忆与三角函数相关的单词时，可以同时掌握与此知识点有关的所有单词，从而形成完整的知识链。这样的编排方式不仅提高了同学们记忆单词的效率，还有助于他们更加灵活地运用这些单词。

亮点 2：所有例句均出自 IGCSE/A-Level 考试真题。

书中例句真实地反映了单词在实际考试中的应用，让同学们能够了解在考试中这个单词是如何出现和使用的。通过这种方式，同学们可以更加深入地理解单词的含义和应用场景，从而更好地掌握单词。

例如，在物理词汇中，选取的例句均来自物理考试真题。这些例句中会涉及各种物理现象和实验，从而帮助学生们更好地理解物理单词的含义和应用。通过对这些例句的阅读和理解，同学们可以更加深入地掌握这些单词的考查方式，提高自己的应试能力。

亮点 3：部分单词附有学科知识点拨。

点拨中不仅详细描述了单词的考查深度和难度，还提供了这个单词涉及的知识点讲解。这样的点拨可以帮助同学们更好地理解单词在学科中的意义和作用，从而快速掌握这个单词。

例如，在化学词汇中，针对重点单词进行深度解析和知识点拨。这些点拨会涉及化学键、分子式、化学反应等各种化学知识，从而帮助学生们更好地理解化学单词的含义和应用。通过对这些点拨的阅读和学习，学生们可以更加深入地掌握化学知识，提高自己的解题能力。

亮点 4：列出了每个单词在近三年真题中出现的频次。

通过近三年的统计数据，同学们对某个单词的重要性和优先级了然于胸。哪些单词是最重要的、必须记住的，哪些单词的出现频率不高，都可以从这套书中得到答案。这样的信息可以帮助同学们更加有针对性地进行学习，提高自己的学习效率，巩固学习成果。

亮点 5：为某些单词添加配图讲解。

生动的图片和解释可以让同学们更直观地理解单词的含义和应用场景。通过生动的图片，同学们可以轻松地掌握单词的具体含义，让学习过程更加有趣。

例如，在物理词汇中，为了强化单词的记忆，会对一些物理概念进行配图讲解。图片会真实地展示各种物理现象，使学生更容易理解和记忆相应的知识点。

所以，通过这套词汇书的学习，学生们可以在学习词汇的同时，潜移默化地熟悉历年真题，进一步掌握学科知识点和考点，达到事半功倍的效果。

最后，感谢学为贵集团所有为这套词汇书付出努力的老师，你们把多年一线教学的成功经验沉淀在书中，相信这套词汇书一定能帮助更多的学生达成他们的求学目标，实现人生理想。

Open the book,

from here, you go anywhere.

劉洪波

目 录

Chapter 1

Cells and Biological Molecules

细胞和生物分子

1 condensation [ˌkɒndenˈseɪʃ(ə)n]

释义 *n.* **缩合**

点拨 学生需要掌握：①单糖分子间的缩合；②氨基酸分子间的缩合；③甘油和脂肪酸分子间的缩合。

例句 Molecule X is formed by a **condensation** reaction releasing one molecule of water.

译文 X 分子是通过**缩合**反应释放一个水分子形成的。

考频 近三年 12 次

2 hydrolysis [haɪˈdrɒlɪsɪs]

释义 *n.* **水解**

点拨 学生需要掌握：①二糖和多糖的水解；②二肽和多肽的水解；③脂质的水解。

例句 The student used biuret solution to determine the concentration of protein in the **hydrolysis** reaction.

译文 学生用双缩脲溶液来测定**水解**反应中蛋白质的浓度。

考频 近三年 22 次

3 hydrophilic [ˌhaɪdrəˈfɪlɪk]

释义 *adj.* **亲水的**

点拨 学生需要重点区分 hydrophilic 和 hydrophobic，二者可以用来描述物质的溶解性，hydrophilic 表示亲水的，亲水的物质易溶于水。

例句 The property of drug transported in location 2 is **hydrophilic**.

译文 位置 2 输送的药物是**亲水的**。

考频 近三年 11 次

4 hydrophobic [ˌhaɪdrəˈfəʊbɪk]

释义 *adj.* **疏水的**

点拨 hydrophobic 表示疏水的，疏水的物质较难溶于水。

例句 The property of drug transported in location 1 is **hydrophobic**.

译文 位置 1 运输的药物是**疏水的**。

考频 近三年 26 次

5 monomer [ˈmɒnəmə(r)]

释义 *n.* **单体**

点拨 学生需要掌握多糖、核酸和蛋白质三种生物大分子的单体结构。

定义 多糖、蛋白质、核酸等都是生物大分子，都由许多基本的组成单位连接而成，这些基本组成单位就是单体。

例句 Describe the structure of a **monomer** of a DNA molecule.

译文 描述 DNA 分子的**单体**结构。

考频 近三年 20 次

6 polymer [ˈpɒlɪmə(r)]

释义 *n.* **聚合物，多聚体**

点拨 学生需要区分单体(monomer)和聚合物(polymer)，它们之间的关系是单体构成了聚合物。

定义 每一个单体都以若干相连的碳原子构成的碳链为基本骨架，许多单体连接构成聚合物。生物大分子又称为单体的聚合物。

例句 Which biological molecule forms a **polymer** with a structural role in plants?

译文 哪种生物分子形成了一个在植物中具有结构功能的**聚合物**？

考频 近三年 26 次

7 amino acid

释义 **氨基酸**

点拨 学生需要掌握氨基酸的基本结构，能够描述 DNA 碱基三联体编码特定氨基酸的原理。

定义 氨基酸是组成蛋白质的基本单位。

例句 What type of **amino acid** would be found in each of the three regions?

译文 什么类型的**氨基酸**在这三个区域中的每一个区域都能被发现？

考频 近三年 74 次

8 fatty acid

释义 **脂肪酸**

点拨 学生需要区分饱和脂肪酸和不饱和脂肪酸。不饱和脂肪酸结构中存在碳碳双键，而饱和脂肪酸结构中没有碳碳双键。

例句 Saturated **fatty acid** chains allow closer packing of the molecules than unsaturated.

译文 饱和脂肪酸链比不饱和**脂肪酸**链更紧密地堆积分子。

考频 近三年 52 次

9 glucose ['gluːkəʊs]

释义 *n.* 葡萄糖

点拨 学生需要能够描述并绘出 α- 葡萄糖和 β- 葡萄糖的结构，掌握葡萄糖的跨膜运输机制以及葡萄糖在呼吸作用中的反应。

例句 Suggest why **glucose** molecules need to be cotransported with Na^+ when it enters the cell through the membrane protein.

译文 写出为什么**葡萄糖**分子在通过膜蛋白进入细胞时需要与 Na^+ 协同转运。

考频 近三年 222 次

10 glycogen ['glaɪkəʊdʒən]

释义 *n.* 糖原

点拨 学生需要掌握糖原是一种多糖，具有不易溶于水和不易发生反应的性质。

例句 In hummingbirds, **glycogen** is the long-term carbohydrate energy store.

译文 在蜂鸟中，**糖原**是长期储存能量的碳水化合物。

考频 近三年 25 次

11 lipid ['lɪpɪd]

释义 *n.* 脂质

点拨 学生需要掌握脂质通常是疏水的，可以给机体提供能量。

例句 In mammals, some cell signalling molecules are steroid (**lipid**) hormones. These hormones are transported in the bloodstream to reach capillary networks.

译文 在哺乳动物体内，一些细胞信号分子是类固醇（**脂质**）激素。这些激素在血液中运输以到达毛细血管网络。

考频 近三年 67 次

12 polysaccharide [ˌpɒlɪˈsækəraɪd]

释义 *n.* **多糖**

点拨 学生需要能够描述直链淀粉、支链淀粉、糖原和纤维素四种多糖分子的结构。

例句 Starch is a **polysaccharide** composed of glucose monomers.

译文 淀粉是由葡萄糖单体构成的**多糖**。

考频 近三年 32 次

13 reducing sugar

释义 **还原糖**

点拨 学生需要掌握葡萄糖（glucose）、果糖（fructose）和麦芽糖（maltose）是还原糖，而蔗糖（sucrose）是非还原糖。

例句 Maltose is a **reducing sugar**.

译文 麦芽糖是一种**还原糖**。

考频 近三年 105 次

14 starch [stɑːtʃ]

释义 *n.* **淀粉**

点拨 学生需要掌握淀粉是一种多糖，向淀粉中加入碘溶液会呈现蓝色。

例句 The results of the investigation showed that the product collected in the beaker contained reducing sugar and **starch**.

译文 调查结果表明，收集在烧杯中的产品含有还原糖和**淀粉**。

考频 近三年 85 次

15 sucrose ['suːkrəʊz]

释义 *n.* **蔗糖**

点拨 学生需要掌握蔗糖是一种非还原糖。

例句 In most plants, **sucrose** is the main sugar that is transported from sources to sinks.

译文 在大多数植物中，**蔗糖**是从源头运输到汇（输入组织）的主要糖分。

考频 近三年 195 次

16 glycosidic bond

释义 **糖苷键**

点拨 学生需要掌握糖苷键是通过缩合反应形成的。

例句 The enzyme α-amylase only hydrolyses 1, 4 **glycosidic bonds**.

译文 α- 淀粉酶仅水解 1, 4 **糖苷键**。

考频 近三年 8 次

17 nucleic acid

释义 **核酸**

点拨 学生需要掌握核酸的结构，DNA 呈双螺旋结构，RNA 以单链形式存在。

定义 核酸是细胞内携带遗传信息的物质，对生物体的遗传、变异和蛋白质的生物合成具有极其重要的作用。

例句 Which cell structures contain **nucleic acid**?

译文 哪些细胞结构含有**核酸**？

考频 近三年 12 次

18 peptide bond

释义 **肽键**

点拨 学生需要掌握肽键的形成原理。一个氨基酸分子脱去 OH^-，另一个氨基酸分子脱去 H^+，形成一个肽键的同时产生了一分子水。

定义 连接两个氨基酸分子的化学键叫作肽键。

例句 Which two numbered hydrogen atoms could contribute to the production of a molecule of water when a **peptide bond** forms between these two amino acids?

译文 当这两个氨基酸之间形成一个**肽键**时，哪两个编号的氢原子参与了一个水分子的形成？

考频 近三年 8 次

19 phosphodiester bond

释义 **磷酸二酯键**

点拨 学生需要掌握核酸分子是通过磷酸二酯键连接单体形成的。

例句 DNA polymerase catalyses the formation of **phosphodiester bonds**.

译文 DNA 聚合酶催化**磷酸二酯键**的形成。

考频 近三年 6 次

20 polypeptide [ˌpɒlɪˈpeptaɪd]

释义 *n.* 多肽

点拨 学生需要掌握多肽是由多个氨基酸分子脱水缩合形成的，多肽链经过盘曲折叠形成具有特定空间结构的蛋白质。

定义 由多个氨基酸分子脱水缩合而成的、含有多个肽键的化合物叫作多肽。

例句 A scientist studying the structure of a protein reported that it consists of two **polypeptide** chains joined by disulfide bonds.

译文 一位研究蛋白质结构的科学家报告说，这个蛋白质由两条通过二硫键连接的**多肽**链组成。

考频 近三年 23 次

21 enzyme [ˈenzaɪm]

释义 *n.* 酶

点拨 学生需要掌握酶的作用机制和影响酶作用的因素，比如温度和酸碱度。

定义 酶是活细胞产生的具有催化作用的生物大分子，绝大多数的酶是蛋白质。

例句 Which graph correctly shows the activation energy of a reaction when an **enzyme** is added?

译文 哪张图正确地表示了当添加**酶**时一个反应的活化能？

考频 近三年 311 次

22 metabolism [məˈtæbəlɪzəm]

释义 *n.* 代谢

点拨 学生需要掌握代谢是生物体内所发生的用于维持生命的所有化学反应的总称，代谢包括合成代谢和分解代谢。

定义 细胞中每时每刻都进行着的许多化学反应，统称为细胞代谢。

例句 The repression of genes involved in galactose **metabolism** in yeast is similar to events at the lac operon in the bacterium Escherichia coli.

译文 酵母中参与半乳糖**代谢**的基因的抑制和大肠杆菌中乳糖操纵子的过程类似。

考频 近三年 8 次

23 substrate ['sʌbstreɪt]

释义 *n.* **底物**

点拨 学生需要掌握底物是由酶催化的反应中的反应物。

例句 In terms of changes in the interaction between enzyme and **substrate** when ultrasound is used, suggest explanations for the lower KM for pectinase and the higher Vmax for xylanase, as shown in Table 5.1.

译文 就使用超声波时酶和**底物**之间相互作用的变化而言，建议从果胶酶的较低 KM 和木聚糖酶的较高 Vmax 来解释，如表 5.1 所示。

考频 近三年 69 次

24 cell membrane

释义 **细胞膜**

点拨 学生需要掌握细胞膜的结构，并以此为基础学习跨膜运输。

定义 细胞作为一个基本的生命系统，它的边界就是细胞膜。

例句 Which roles of the **cell membrane** result from the properties of the phospholipids?

译文 **细胞膜**的哪些作用是由磷脂的特性引起的？

考频 近三年 15 次

25 cytoplasm ['saɪtəʊplæzəm]

释义 *n.* **细胞质**

点拨 学生需要掌握真核细胞的细胞质中含有基质、细胞器和包含物。

例句 The genetic material of T. namibiensis is located free in the **cytoplasm** where it occurs as thousands of circular DNA.

译文 T. namibiensis 的遗传物质游离于**细胞质**中，以数千个环状 DNA 的形式存在。

考频 近三年 65 次

26 nucleus ['njuːkliəs]

释义 *n.* **细胞核**

点拨 学生需要掌握细胞核中储存着遗传物质，转录（transcription）发生在细胞核中。

定义 细胞核是遗传信息库，是细胞代谢和遗传的控制中心。

例句 The figure shows the events that occur in the **nucleus** of a companion cell in phloem tissue to synthesise molecules of mRNA.

译文 这张图显示了在韧皮部中伴胞的**细胞核**中发生的合成信使 RNA 分子的过程。

考频 近三年 36 次

27 organelle [ˌɔːgə'nel]

释义 *n.* **细胞器**

点拨 学生需要掌握各个细胞器的结构和功能以及特定生物过程发生的位置。

定义 细胞质中的线粒体、叶绿体、高尔基体、核糖体、溶酶体等统称为细胞器。

例句 State the **organelle** where the reaction shown in the figure takes place.

译文 说明发生图中所示反应的**细胞器**。

考频 近三年 18 次

28 lysosome ['laɪsəˌsəʊm]

释义 *n.* **溶酶体**

点拨 学生需要掌握溶酶体是分解蛋白质、核酸和多糖等生物大分子的细胞器。

例句 **Lysosomes** are cell structures that contain enzymes known as acid hydrolases.

译文 **溶酶体**是含有多种酸性水解酶的细胞器。

考频 近三年 17 次

29 mitochondria [ˌmaɪtəʊ'kɒndrɪə]

释义 *n.* **线粒体**

点拨 学生需要掌握线粒体的结构和功能，并能描述出有氧呼吸的不同阶段发生在线粒体的位置。

例句 Explain why cardiac muscle cells have **mitochondria** with very large numbers of cristae.

译文 解释为什么心肌细胞存在含有大量嵴的**线粒体**。

考频 近三年 84 次

30 organ ['ɔːgən]

释义 *n.* **器官**

点拨 学生需要掌握植物器官包括根、茎、叶、花、果实和种子；动物器官包括胃、小肠、肾和肝等。

例句 The photomicrograph shows a section through a plant **organ.** Which statement could be used to describe this organ?

译文 显微照片显示了一种植物**器官**的横切面。哪句话可以用来描述这个器官？

考频 近三年114次

31 ribosome ['raɪbəˌsəʊm]

释义 *n.* 核糖体

点拨 学生需要掌握核糖体的结构和功能，以及原核细胞和真核细胞中的核糖体在结构上的区别。

例句 Complete Table 1.1 by giving one difference between a bacterial cell and a plant cell for each structural features listed (**ribosome**).

译文 完成表1.1，针对列出的每个结构特征(**核糖体**)，写出细菌细胞和植物细胞之间的一个差异。

考频 近三年48次

32 tissue ['tɪʃuː]

释义 *n.* 组织

点拨 学生需要掌握组织的定义(组织是由许多形态和功能相同或相似的细胞以及细胞间质构成的细胞群体)以及植物组织(plant tissue)的运输机制，组织液(tissue fluid)的形成和功能。

例句 Which description of movement of substances during **tissue** fluid formation is correct?

译文 下列关于**组织**液形成过程中物质移动的描述，哪项是正确的？

考频 近三年231次

33 vesicle ['vesɪkl]

释义 *n.* 囊泡

点拨 学生需要掌握囊泡是一类体积相对较小的细胞内囊状构造，用来存放、消化或转运物质。

例句 **Vesicles** containing endorphin fuse with cell membrane to release endorphin by exocytosis.

译文 含有内啡肽的**囊泡**与细胞膜融合，通过胞吐作用释放内啡肽。

考频 近三年 18 次

34 active transport

释义 **主动运输**

点拨 学生需要能够描述出主动运输的特点：主动运输是逆浓度梯度运输，主动运输需要载体蛋白和消耗能量。

定义 从低浓度一侧运输到高浓度一侧，需要载体蛋白的协助，同时还需要消耗细胞内化学反应所释放的能量，这种方式叫作主动运输。

例句 **Active transport** involves water-soluble substances, such as Na^+ and K^+, and the use of ATP to provide the energy needed for their transport through carrier proteins.

译文 **主动运输**涉及水溶性物质，如 Na^+和 K^+，并且需要消耗 ATP 为载体蛋白运输提供所需的能量。

考频 近三年 21 次

35 concentration gradient

释义 **浓度梯度**

点拨 学生需要掌握当一个区域的粒子浓度高于另一个区域时，就会出现浓度梯度。

例句 Glucose molecules are transported out of the cell into the tissue fluid down a **concentration gradient**.

译文 葡萄糖分子顺**浓度梯度**从细胞中转运到组织液中。

考频 近三年 6 次

36 diffusion [dɪ'fju:ʒn]

释义 *n.* **扩散**

点拨 学生需要能够描述扩散的特点。扩散的特点是顺浓度梯度，不需要消耗能量。

定义 溶质分子从高浓度一侧移动到低浓度一侧就是扩散。

例句 Which features are required to allow for efficient **diffusion**?

译文 有效**扩散**需要哪些特征？

考频 近三年 66 次

37 facilitated diffusion

释义 **协助扩散**

点拨 学生需要能够描述协助扩散的特点。协助扩散的特点是顺浓度梯度，需要载体蛋白，不需要消耗能量。

定义 进出细胞的物质借助载体蛋白的扩散，叫作协助扩散。

例句 Which features are correct for active transport and **facilitated diffusion**?

译文 主动运输和**协助扩散**的哪些特征是正确的？

考频 近三年 18 次

38 water potential

释义 **水势**

点拨 学生需要掌握水势的高低决定了水的移动方向，水从水势高处移动到水势低处。

例句 Which changes to the **water potential** and the volume of solution in the phloem sieve tube occur when sucrose is moved from a photosynthesising leaf into the phloem sieve tube?

译文 当蔗糖从进行光合作用的叶片转移到韧皮部筛管中时，韧皮部筛管中的**水势**和溶液体积会发生哪些变化？

考频 近三年 90 次

39 cell wall

释义 **细胞壁**

点拨 学生需要掌握植物细胞的细胞壁是由纤维素（cellulose）构成的，以及细胞壁是全透性的。

例句 Name the cell structures through which water passes from cell A to cell B without crossing their **cell walls**.

译文 写出水从细胞 A 流向细胞 B 无须穿过**细胞壁**所经过的细胞结构。

考频 近三年 65 次

40 chloroplast ['klɒrəplɑːst]

释义 *n.* **叶绿体**

点拨 学生需要掌握叶绿体的结构和功能，并能描述出光合作用的不同阶段具体发生在叶绿体中的哪个位置。

例句 Name the precise location in a **chloroplast** of photosynthetic pigments.

译文 写出光合色素在**叶绿体**中的精确位置。

考频 近三年 53 次

41 phloem ['fləʊem]

释义 *n.* **韧皮部**

点拨 学生需要掌握韧皮部在双子叶草本植物的茎、根和叶中的分布，以及韧皮部主要负责运输蔗糖的功能。

例句 This cotransporter mechanism is different from the cotransporter mechanism that moves sucrose into the cytoplasm of a companion cell in **phloem** tissue.

译文 这一协同转运机制不同于将蔗糖运输到**韧皮部**组织中伴胞的细胞质中去的协同转运机制。

考频 近三年 90 次

42 photosynthesis [ˌfəʊtəʊˈsɪnθəsɪs]

释义 *n.* **光合作用**

点拨 学生需要掌握光合作用中能量转化的详细过程。

定义 光合作用是指光合生物吸收太阳的光转变为化学能，再利用自然界的二氧化碳和水，产生各种有机物的过程。

例句 Explain how the leaf anatomy shown adapts the C_4 plant to maintain a high rate of **photosynthesis** at high temperatures.

译文 解释叶片解剖结构如何使 C_4 植物适应高温条件，保持高**光合作用**率。

考频 近三年 57 次

43 transpiration [ˌtrænspɪˈreɪʃn]

释义 **蒸腾作用**

点拨 学生需要掌握蒸腾作用的概念，蒸腾作用指植物体内（主要是叶片）的水分以水蒸气的形式散发到空气中的过程。

例句 The student concluded that air movement increases the rate of **transpiration**. Explain why air movement increases the rate of transpiration.

译文 学生得出结论，空气流动增加了**蒸腾**速率。解释为什么空气流动会增加蒸腾速率。

考频 近三年 17 次

44 xylem ['zaɪləm]

释义 *n.* **木质部**

点拨 学生需要掌握木质部在双子叶草本植物的茎、根和叶中的分布，以及木质部主要负责运输水和无机盐的功能。

例句 Scientists have studied the process of cell death that occurs during the development of the cells that become mature **xylem**.

译文 科学家们研究了在细胞发育成为成熟的**木质部**的过程中发生的细胞死亡过程。

考频 近三年 104 次

45 cellulose ['seljuləʊs]

释义 *n.* **纤维素**

点拨 学生需要掌握纤维素是一种多糖，构成植物细胞的细胞壁。

例句 Pectin interacts with the polysaccharides **cellulose** and hemicellulose in the cell walls of the plant cells so that the cell walls are held close together.

译文 果胶与植物细胞壁中的**纤维素**和半纤维素相互作用，使细胞壁紧密相连。

考频 近三年 12 次

46 respiration [ˌrespə'reɪʃ(ə)n]

释义 *n.* **呼吸**

点拨 学生需要掌握呼吸包括有氧呼吸和无氧呼吸，呼吸作用发生的各阶段的具体反应。

定义 呼吸作用是指有机物在细胞内经过一系列的氧化分解，生成二氧化碳或其他产物，释放出能量并生成 ATP 的过程。

例句 Name three molecules, other than coenzymes, that are found in the mitochondrial matrix and explain their role in aerobic **respiration**.

译文 说出线粒体基质中除辅酶外的三种分子，并解释它们在有氧**呼吸**中的作用。

考频 近三年 59 次

47 magnification [ˌmæɡnɪfɪˈkeɪʃ(ə)n]

释义 *n.* **放大倍率**

点拨 学生需要掌握显微镜可以放大微小物体以便于肉眼观察。

例句 What happens to the **magnification** and resolution when using green light compared to red light?

译文 与红光相比，使用绿光时**放大倍率**和分辨率会发生什么变化?

考频 近三年 27 次

48 resolution [ˌrezəˈluːʃ(ə)n]

释义 *n.* **分辨率**

点拨 学生需要掌握分辨率是能被显微镜清晰区分的两个物点的最小间距。

例句 State why the luminal surface of the bronchial epithelium appears slightly blurred, even though the **resolution** of the image is good.

译文 说明为什么支气管上皮的管腔表面出现轻微模糊，即使图像的**分辨率**很高。

考频 近三年 26 次

49 nucleolus [ˌnjuːklɪˈəʊləs]

释义 *n.* **核仁**

点拨 学生需要掌握核仁位于细胞核内，核仁与 rRNA（核糖体 RNA）形成有关的功能。

例句 What is the function of the **nucleolus**?

译文 **核仁**的功能是什么？

考频 近三年 14 次

50 peptidoglycan [peptɪdəʊ'glaɪkæn]

释义 *n.* **肽聚糖**

点拨 学生需要掌握肽聚糖是大多数细菌细胞壁的构成成分。

例句 They can have a protective coat of **peptidoglycan**.

译文 它们有一层**肽聚糖**保护层。

考频 近三年 9 次

51 plasmid ['plæzmɪd]

释义 *n.* **质粒**

点拨 学生需要掌握质粒一般指细菌基因组外独立复制的 DNA 分子，存在于细胞质中，可用于制备重组 DNA。

例句 Recombinant DNA was made using a **plasmid** and this was successfully transferred into an organism.

译文 使用**质粒**制备重组 DNA，并将其成功转入生物体中。

考频 近三年 18 次

52 spindle ['spɪnd(ə)l]

释义 *n.* **纺锤体**

点拨 学生需要掌握纺锤体形似纺锤，是在细胞分裂前期产生的一种细胞器。

例句 Centrioles attach chromosomes to the **spindle** during metaphase.

译文 在（有丝分裂）中期，中心粒将染色体附着在**纺锤体**上。

考频 近三年 23 次

53 aerobic [eəˈrəʊbɪk]

释义 *adj.* 有氧的

点拨 学生需要掌握有氧的意思是有氧气存在，比如：有氧呼吸是指在有氧环境下发生的呼吸作用。

例句 The results of investigations carried out on mitochondria show how the structure of a mitochondrion is related to its role in **aerobic** respiration.

译文 针对线粒体的研究结果表明，线粒体的结构与其在**有氧（的）**呼吸中的作用有关。

考频 近三年 37 次

54 anaerobic [ˌænəˈrəʊbɪk]

释义 *adj.* 无氧的

点拨 学生需要掌握无氧的意思是没有氧气存在，比如：无氧呼吸是指在无氧环境下发生的呼吸作用。

例句 Yeast cells can respire in **anaerobic** conditions.

译文 酵母细胞可以在**无氧（的）**条件下呼吸。

考频 近三年 18 次

55 glycolysis [glaɪˈkɒlɪsɪs]

释义 *n.* 糖酵解

点拨 学生需要掌握糖酵解是细胞呼吸的第一阶段，在这一阶段中葡萄糖被分解为丙酮酸。

例句 Explain how this figure shows that **glycolysis** involves oxidation.

译文 解释这张图如何显示**糖酵解**涉及氧化反应。

考频 近三年 12 次

56 pyruvate [paɪ'ruːveɪt]

释义 *n.* 丙酮酸

点拨 学生需要掌握丙酮酸是在糖酵解过程中形成的一种化学物质。

例句 Explain what happens to **pyruvate** in the link reaction in aerobic respiration.

译文 解释**丙酮酸**在有氧呼吸的链接反应中会发生什么。

考频 近三年 13 次

57 carotene ['kærətiːn]

释义 *n.* 胡萝卜素

点拨 学生需要掌握胡萝卜素是一种脂溶性色素，存在于一些植物中。

例句 **Carotene** can be converted to vitamin A in the body.

译文 **胡萝卜素**能在人体内转化成维生素 A。

考频 近三年 11 次

58 grana ['greɪnə]

释义 *n.* 基粒

点拨 学生需要掌握基粒位于叶绿体中，具有吸收光能的作用。

例句 Explain how **grana** are adapted for their specific role in photosynthesis.

译文 解释**基粒**是如何适应其在光合作用中的特定角色的。

考频 近三年 15 次

59 chloroplast stroma

释义 叶绿体基质

点拨 学生需要掌握叶绿体基质是叶绿体中的液态混合物，其中含有许多与光合作用相关的酶。

例句 The pH of **chloroplast stroma** was continuously measured and recorded.

译文 **叶绿体基质**的 pH 值被持续地测量和记录。

考频 近三年 16 次

60 pectinase [pek'tiːnəz]

释义 *n.* 果胶酶

点拨 学生需要掌握果胶酶是一类能够分解果胶的酶。

例句 An investigation was carried out into the effect of ultrasound on the activity of **pectinase** used in fruit juice manufacture.

译文 研究超声对用于生产果汁的**果胶酶**活性的影响。

考频 近三年 15 次

Note

Chapter 2

Inheritance and Evolution

遗传与进化

61 chromatid ['krəʊmətɪd]

释义 *n.* **染色单体**

点拨 学生需要掌握染色单体形成于有丝分裂间期，是染色体复制后由着丝粒连在一起的子染色体；一条染色体包含两条姐妹染色单体。

例句 A telomere is a sequence of DNA nucleotides, such as GGGTAA, repeated many times and found at the ends of each **chromatid**.

译文 端粒是一段 DNA 核苷酸序列，比如 GGGTAA，重复多次并位于每条**染色单体**的末端。

考频 近三年 14 次

62 chromosome ['krəʊməsəʊm]

释义 *n.* **染色体**

点拨 学生需要掌握染色体和染色质是同一种物质在不同时期的两种形态，在细胞分裂前期，染色质螺旋化形成染色体。

例句 At which stages of mitosis are **chromosomes** composed of two chromatids that are held together by a centromere?

译文 在有丝分裂的哪个阶段，**染色体**由两条由着丝粒连接在一起的染色单体组成？

考频 近三年 39 次

63 dominant ['dɒmɪnənt]

释义 *adj.* **显性的**

点拨 学生需要掌握显性、隐性用于描述一对等位基因之间的关系，显性等位基因在子一代性状中会表现出来，掩盖了隐性等位基因的表现。

例句 Define the terms **dominant** and recessive.

译文 定义**显性的**和隐性的这两个术语。

考频 近三年 15 次

64 recessive [rɪ'sesɪv]

释义 *adj.* **隐性的**

例句 Define the terms dominant and **recessive**.

译文 定义显性的和**隐性的**这两个术语。

考频 近三年 19 次

65 diploid ['dɪplɔɪd]

释义 *n.* **二倍体**

点拨 学生需要掌握二倍体（$2n$）的含义，了解人体、豌豆和果蝇都是二倍体生物。

定义 由受精卵发育而来、体细胞中含有两个染色体组的个体叫作二倍体。

例句 During metaphase, a scientist stains the chromosomes of a **diploid** animal cell with fluorescent dye to allow the telomeres to be observed.

译文 在（有丝分裂）中期，一位科学家用荧光染料对**二倍体**动物细胞的染色体进行染色，以观察端粒。

考频 近三年 7 次

66 zygote ['zaɪgəʊt]

释义 *n.* **受精卵**

点拨 学生需要掌握由有性生殖生物的雌雄配子结合后形成的新细胞统称为受精卵（合子）；受精卵具有全能性，能够分裂和分化成多种细胞。

例句 The early development of an animal involves divisions of the **zygote** and daughter cells by mitosis to form an embryo consisting of genetically identical cells.

译文 动物的早期发育涉及**受精卵**的分裂，子细胞通过有丝分裂形成由遗传物质相同的细胞组成的胚胎。

考频 近三年 10 次

67 meiosis [maɪ'əʊsɪs]

释义 *n.* **减数分裂**

点拨 学生需要掌握减数分裂过程中植物细胞和动物细胞内染色体的行为，并能够在显微镜照片中识别出减数分裂的各阶段。

定义 减数分裂是进行有性生殖的生物，在产生成熟生殖细胞时进行的染色体数目减半的细胞分裂。

例句 Identify the process that occurred during **meiosis** in the parents that produced this variation.

译文 辨别产生这种变异的亲本在**减数分裂**中发生的过程。

考频 近三年 16 次

68 mitosis [maɪ'təʊsɪs]

释义 *n.* **有丝分裂**

点拨 考试说明要求考生概述有丝分裂细胞周期，解释有丝分裂在产生基因相同的子细胞中的重要性，在有丝分裂过程中植物和动物细胞内的染色体的行为，最后要求考生能够在显微镜照片中辨认有丝分裂的主要阶段。

定义 有丝分裂是真核生物进行细胞分裂的主要方式。

例句 Suggest and explain the importance of **mitosis** by stem cells in the small intestine.

译文 说明并解释小肠干细胞**有丝分裂**的重要性。

考频 近三年 57 次

69 stem cell

释义 **干细胞**

点拨 学生需要掌握干细胞在细胞更新和组织修复中的作用。

定义 正如植物体内分生组织的细胞具有分裂和分化能力一样，动物和人体内仍保留着少数具有分裂和分化能力的细胞，这些细胞叫作干细胞。

例句 Embryonic **stem cells** are able to replicate continuously.

译文 胚胎**干细胞**能够连续复制。

考频 近三年 31 次

70 autosome ['ɔːtəˌsəʊm]

释义 *n.* **常染色体**

点拨 学生需要掌握常染色体是不决定个体性别的染色体。

例句 The MC1R gene has two alleles and is located on an **autosome**.

译文 MC1R 基因有两个等位基因，位于一个**常染色体**上。

考频 近三年 2 次

71 cell cycle

释义 **细胞周期**

点拨 学生需要掌握细胞周期是细胞分裂的周期，包括分裂间期和分裂期，其中分裂期又包含前期、中期、后期和末期。

定义 连续分裂的细胞，从一次分裂结束到下一次分裂完成所经历的过程为一个细胞周期。

例句 Which events listed are part of the **cell cycle**?

译文 列出的哪些事件是**细胞周期**的一部分？

考频 近三年 39 次

72 centromere ['sentrəˌmɪə]

释义 *n.* **着丝粒**

点拨 学生需要掌握着丝粒位于染色体的中部，是染色单体的连接处。

例句 **Centromeres** are attached to spindle fibres.

译文 **着丝粒**附着在纺锤丝上。

考频 近三年 20 次

73 clone [kləʊn]

释义 *n.* **克隆，复制品**　*v.* **克隆**

点拨 学生需要掌握克隆是由亲本通过无性繁殖形成基因相同的个体的过程。

例句 They divide to form **clones** when meeting an antitoxin in a cell.

译文 当在细胞中遇到抗毒素时，它们会分裂形成**克隆**。

考频 近三年 7 次

74 cytokinesis [ˌsaɪtəʊkɪˈniːsɪs]

释义 *n.* **胞质分离**

点拨 学生需要掌握胞质分离发生在细胞周期的最后阶段，是指细胞质的分裂。

例句 Which cells contain twice as many DNA molecules as a cell from the same organism that has just finished a complete mitotic cell cycle ending with **cytokinesis**?

译文 在刚刚完成了以**胞质分离**结束的完整有丝分裂的生物体中，哪些细胞含有的 DNA 分子是该生物体细胞的两倍？

考频 近三年 15 次

75 histone [ˈhɪstəʊn]

释义 *n.* **组蛋白**

点拨 学生需要掌握组蛋白是一种蛋白质，在真核细胞中组蛋白和 DNA 一起盘旋构成了染色体。

例句 DNA is associated with **histones**.

译文 DNA 和**组蛋白**相连。

考频 近三年 10 次

76 prophase [ˈprəʊˌfeɪz]

释义 *n.* **前期**

点拨 学生需要掌握前期是细胞周期中分裂期的第一阶段，在这一阶段核膜、核仁消失，纺锤体和染色体出现。

例句 Which row shows the correct number of each component of a single chromosome at the end of **prophase** of mitosis?

译文 在有丝分裂**前期**结束时，哪一行显示了单个染色体的正确数目？

考频 近三年 13 次

77 anaphase ['ænəˌfeɪz]

释义 *n.* **后期**

点拨 学生需要掌握后期是细胞周期中分裂期的第三阶段，在这一阶段着丝粒分裂，染色体数目加倍。

例句 Which row shows the correct number of each component of a single chromatid during **anaphase** of mitosis?

译文 哪一行显示了有丝分裂**后期**染色单体的正确数目？

考频 近三年 20 次

78 interphase ['ɪntəˌfeɪz]

释义 *n.* **间期**

点拨 学生需要掌握间期是细胞周期分裂期的第一个阶段，在这一阶段中发生了 DNA 的复制和有关蛋白质的合成。

例句 Which processes occur during **interphase** of mitosis?

译文 哪些过程发生在有丝分裂**间期**？

考频 近三年 10 次

79 metaphase ['metəˌfeɪz]

释义 *n.* **中期**

点拨 学生需要掌握中期是细胞周期中分裂期的第二阶段，在这一阶段染色体清晰地排列在细胞的中部。

例句 During **metaphase**, a scientist stains the chromosomes of a diploid animal cell with fluorescent dye to allow the telomeres to be observed.

译文 在（有丝分裂）**中期**，一位科学家用荧光染料对二倍体动物细胞的染色体进行染色，以观察端粒。

考频 近三年 21 次

80 telophase ['teləˌfeɪz]

释义 *n.* **末期**

点拨 学生需要掌握末期是细胞周期中分裂期的最后一个阶段，在这一阶段核膜、核仁重现，纺锤体消失，染色体解旋为染色质。

例句 At the end of **telophase**, two nuclei are formed.

译文 在（有丝分裂）**末期**，两个细胞核形成。

考频 近三年 12 次

81 codon ['kəʊdɒn]

释义 *n.* **密码子**

点拨 学生需要掌握密码子是 mRNA（信使 RNA）上的 3 个连续碱基序列，用来编码形成特定的氨基酸，而后合成蛋白质。

定义 mRNA 上 3 个相邻的碱基决定 1 个氨基酸，每 3 个这样的碱基称作 1 个密码子。

例句 The mRNA sequences of the three stop **codons** are shown.

译文 显示了三个终止**密码子**的信使 RNA 序列。

考频 近三年 14 次

82 anticodon [ˌæntɪ'kəʊdɒn]

释义 *n.* **反密码子**

点拨 学生需要掌握反密码子是 tRNA（转运 RNA）上的 3 个连续碱基序列，用来运输特定的氨基酸。

定义 每个 tRNA 的 3 个碱基可以与 mRNA 上的密码子互补配对，因而叫作反密码子。

例句 What is the correct tRNA **anticodon** coding for the amino acid proline?

译文 编码氨基酸脯氨酸的正确的转运 RNA **反密码子**是什么？

考频 近三年 8 次

83 gene [dʒiːn]

释义 *n.* **基因**

点拨 学生需要掌握基因是用于指导蛋白质合成的一段 DNA 上的碱基序列。

定义 基因是有遗传效应的 DNA 片段。

例句 The **gene** therapy involves three main steps.

译文 **基因**治疗包含三个主要步骤。

考频 近三年 156 次

84 mRNA [emˌɑːr en ˈeɪ]

释义 *abbr.* **信使（messenger）RNA**

点拨 学生需要掌握 mRNA 是由 DNA 转录形成的，其上具有密码子。

例句 In eukaryotic cells, the primary transcript is modified to form **mRNA**.

译文 在真核细胞中，初级转录物被修饰以形成**信使 RNA**。

考频 近三年 57 次

85 tRNA [tiːˌɑːr en ˈeɪ]

释义 *abbr.* **转运（transfer）RNA**

点拨 学生需要掌握在翻译过程中，tRNA 上的反密码子与 mRNA 上的密码子配对来转运氨基酸。

例句 After transcription, the mRNA was translated via **tRNA** into a sequence of amino acids.

译文 转录之后，信使 RNA 通过**转运 RNA** 被翻译成一段氨基酸序列。

考频 近三年 16 次

86 RNA polymerase

释义 **RNA 聚合酶**

点拨 学生需要掌握RNA 聚合酶是将单个核苷酸聚合形成一条 RNA 链的酶。

例句 Rifampicin is an antibiotic used to treat tuberculosis. It works by inhibiting **RNA polymerase** in bacteria.

译文 利福平是一种用于治疗肺结核的抗生素。它通过抑制细菌中的 **RNA 聚合酶**来发挥作用。

考频 近三年 8 次

87 start codon

释义 **起始密码子**

点拨 学生需要掌握起始密码子是 mRNA 上的第一个密码子，由其开启多肽链的合成。

例句 A length of mRNA is 747 nucleotides long, including stop and **start codons**.

译文 一个信使 RNA 有 747 个核苷酸，包含终止密码子和**起始密码子**。

考频 近三年 3 次

88 stop codon

释义 **终止密码子**

点拨 学生需要掌握终止密码子是 mRNA 上的最后一个密码子，由其终止多肽链的合成。

例句 A length of mRNA is 747 nucleotides long, including **stop** and start **codons**.

译文 一个信使 RNA 有 747 个核苷酸，包含**终止密码子**和起始密码子。

考频 近三年 1 次

89 transcription [træn'skrɪpʃ(ə)n]

释义 *n.* **转录**

点拨 学生需要掌握转录是 DNA 通过碱基互补配对形成 RNA 的过程。

定义 在细胞核中，以 DNA 的一条链为模板合成 RNA 的过程称为转录。

例句 The diagram shows a strand of DNA and mRNA during **transcription**.

译文 该图显示了**转录**过程中的一条 DNA 和信使 RNA 链。

考频 近三年 29 次

90 translation [trænz'leɪʃ(ə)n]

释义 *n.* **翻译**

点拨 学生需要掌握翻译是以信使 RNA 为模板合成多肽链的过程。

定义 游离在细胞质中的各种氨基酸，以信使 RNA 为模板合成具有一定氨基酸顺序的蛋白质，这一过程叫作翻译。

例句 Describe how the process of **translation** results in the formation of a polypeptide.

译文 描述**翻译**过程是如何合成多肽的。

考频 近三年 25 次

91 triplet code

释义 **三联体密码**

点拨 学生需要掌握密码子即为三联体密码。

例句 The table shows the DNA **triplet codes** for some amino acids.

译文 该表显示了一些氨基酸的 DNA **三联体密码**。

考频 近三年 9 次

92 exon ['eksɒn]

释义 *n.* 外显子

点拨 学生需要掌握外显子是真核生物基因中编码蛋白质的核苷酸序列，经过剪接后生成成熟的信使 RNA。

例句 Studies have shown that there are differences in the protein structure of the enzyme and differences in the number and organisation of introns and **exons** of the gene coding for the enzyme.

译文 研究表明，该酶的蛋白质结构存在差异，编码该酶的基因的内含子和**外显子**的数量和排列也存在差异。

考频 近三年 6 次

93 intron ['ɪntrɒn]

释义 *n.* 内含子

点拨 学生需要掌握内含子是存在于真核生物基因中无编码意义而被切除的序列。

例句 Gene mutations can occur in either **introns** or exons.

译文 基因突变可以发生在**内含子**或外显子中。

考频 近三年 7 次

94 operon ['ɒpəˌrɒn]

释义 *n.* 操纵子

点拨 学生需要掌握操纵子是原核生物中由启动子、操纵基因和结构基因组成的一个转录功能单位。

例句 Suggest why structural genes in **operons** are transcribed together.

译文 说明为什么**操纵子**中的结构基因是一起转录的。

考频 近三年 11 次

95 transcription factor

释义 **转录因子**

点拨 学生需要掌握转录因子是一种蛋白质，通过结合特定的 DNA 序列来调控转录的速率。

例句 Outline the features of a **transcription factor** such as BZR1.

译文 概述**转录因子**如 BZR1 的特征。

考频 近三年 6 次

96 allele [ə'li:l]

释义 *n.* **等位基因**

点拨 学生需要掌握等位基因是位于染色体基因座上的一对基因，包含显性基因和隐性基因。

定义 控制相对性状的基因，叫作等位基因，用符号 D 和 d 表示。

例句 One **allele** codes for black fur and the other allele codes for ginger fur.

译文 一个**等位基因**编码黑色皮毛，另一个等位基因编码姜黄色皮毛。

考频 近三年 87 次

97 deletion [dɪ'li:ʃn]

释义 *n.* **缺失（突变）**

点拨 学生需要掌握缺失突变是基因突变的一种类型，源于基因上的碱基缺失。

例句 The largest **deletions** can cause the removal of up to 46 protein-coding genes from the chromosome.

译文 最大的**缺失（突变）**可以导致多达 46 个蛋白质编码基因从染色体上被去除。

考频 近三年 6 次

98 gamete ['gæmi:t]

释义 *n.* 配子

点拨 学生需要掌握配子是有性生殖中雄性或雌性个体产生的生殖细胞，可以融合形成新的二倍体细胞。

例句 Pollen grains containing the male **gametes** are produced in the anthers and released into the flower.

译文 含有雄**配子**的花粉粒在花药中产生并释放到花朵中。

考频 近三年 18 次

99 genome ['dʒi:nəʊm]

释义 *n.* 基因组

点拨 学生需要掌握基因组是存在于生命体中的一套完整的遗传物质。

例句 A whole-**genome** DNA-sequencing experiment was carried out on the tissue samples using a commercially available diagnostic testing kit.

译文 使用市售的诊断测试试剂盒对组织样本进行全**基因组**的 DNA 测序实验。

考频 近三年 15 次

100 genotype ['dʒenətaɪp]

释义 *n.* **基因型**

点拨 学生需要掌握基因型指一个生物体对应一个特定特征的基因组成。

定义 与表现型有关的基因组成叫作基因型。

例句 Microarray chips are used to identify the **genotype** of each individual.

译文 微阵列芯片用于识别每个个体的**基因型**。

考频 近三年 26 次

101 mutation [mju:'teɪʃn]

释义 *n.* **突变**

点拨 学生需要掌握突变是生物体 DNA 序列发生变化的过程。

定义 突变是指生物体（细胞生物和非细胞生物）中基因或染色体发生稳定的、可遗传的结构变异的过程。

例句 A person with haemophilia has a **mutation** in a gene on the X chromosome, which results in the lack of a blood clotting factor.

译文 血友病患者 X 染色体上的一个基因发生**突变**，导致缺乏凝血因子。

考频 近三年 70 次

102 variation [ˌveəri'eɪʃ(ə)n]

释义 *n.* **变异**

点拨 学生需要掌握变异是生物体产生差异的过程，由环境或遗传物质的变化引起。

例句 A genome-wide association study investigates the effect of genetic **variation** on a disease.

译文 一项全基因组关联研究调查了基因**变异**对一种疾病的影响。

考频 近三年 15 次

103 phenotype ['fi:nətaɪp]

释义 *n.* **表现型**

点拨 学生需要掌握表现型是基因型与环境共同作用，从而使生物体表现出来的性状。

定义 表现型指个体表现出来的性状，如豌豆的高茎和矮茎。

例句 A biologist predicted that, if the genes are on different chromosomes, the ratio of the **phenotypes** of the F2 generation would be 9 : 3 : 3 : 1.

译文 一位生物学家预测，如果基因位于不同的染色体上，F2 代的**表现型**比例将为 9 : 3 : 3 : 1。

考频 近三年 39 次

104 pollen ['pɒlən]

释义 *n.* **花粉**

点拨 学生需要掌握花粉是种子植物的微小孢子堆，成熟的花粉粒能产生雄性配子。

例句 Each of these plants had its female flowers pollinated with **pollen** from a green-fruited plant.

译文 这些植物的雌花都用绿色果实植物的**花粉**进行了授粉。

考频 近三年 6 次

105 germination [ˌdʒɜ:mɪ'neɪʃn]

释义 *n.* **发芽**

点拨 学生需要掌握发芽是指种子的胚发育长大，突破种皮而出。学生应能描述赤霉素在大麦发芽过程中的作用。

例句 Gibberellin is a plant hormone that has an important role in seed **germination**.

译文 赤霉素是一种植物激素，对种子**发芽**具有重要作用。

考频 近三年 21 次

106 testis ['testɪs]

释义 *n.* **睾丸**

点拨 学生需要掌握睾丸是用来产生精子和分泌雄性激素的器官。

例句 Hybrid male mice had a very low fertility score based on **testis** weight and total sperm production.

译文 基于**睾丸**重量和总精子产量，杂交雄性小鼠的生育能力得分非常低。

考频 近三年 3 次

107 uterus ['juːtərəs]

释义 *n.* **子宫**

点拨 学生需要掌握子宫是雌性哺乳动物孕育胚胎的器官。

例句 Only embryos that do not have sickle cell alleles are transferred to the woman's **uterus**.

译文 只有没有镰状细胞等位基因的胚胎才会被转移到女性的**子宫**中。

考频 近三年 4 次

Note

Chapter 3

Homeostasis
内稳态

108 capillary [kəˈpɪləri]

释义 *n.* **毛细血管**

点拨 学生需要掌握毛细血管是遍布全身组织的微小血管。

例句 This is a transmission electron micrograph showing red blood cells in a **capillary** of a healthy adult.

译文 这是显示健康成年人**毛细血管**中的红细胞的透射电子显微照片。

考频 近三年 46 次

109 circulation [ˌsɜːkjəˈleɪʃ(ə)n]

释义 *n.* **循环**

点拨 学生需要掌握循环是指血液通过血管从心脏运输到全身各处后又回到心脏的过程。

例句 Higher concentrations of gossypol absorbed into the **circulation** can cause an illness in cows known as gossypol toxicity.

译文 通过血液**循环**吸收的棉酚浓度过高，就会导致奶牛棉酚中毒。

考频 近三年 6 次

110 lumen [ˈluːmɪn]

释义 *n.* **管腔**

点拨 学生需要掌握管腔是指血管或气管内的中央空间，动脉的管腔要小于静脉的管腔。

例句 What is the maximum diameter of the bronchiole **lumen**?

译文 细支气管**管腔**的最大直径是多少?

考频 近三年 18 次

111 oxyhaemoglobin [ˌɒksɪˌhiːməʊˈgləʊbɪn]

释义 *n.* **氧合血红蛋白**

点拨 学生需要掌握氧合血红蛋白是与氧气分子结合的血红蛋白分子，在二氧化碳浓度高的组织处，氧合血红蛋白会将氧气分子释放。

例句 When active tissues have high carbon dioxide concentrations, **oxyhaemoglobin** needs to release oxygen to the tissues.

译文 当活性组织的二氧化碳浓度较高时，**氧合血红蛋白**需要向组织释放氧气。

考频 近三年 7 次

112 pulmonary artery

释义 **肺动脉**

点拨 学生需要掌握肺动脉与右心室相连，是将不含氧气的血液从心脏运输到肺部的血管。

例句 The semilunar valve in the **pulmonary artery** will close.

译文 **肺动脉**的半月瓣将关闭。

考频 近三年 8 次

113 aorta [eɪˈɔːtə]

释义 *n.* **主动脉**

点拨 学生需要掌握主动脉是人体内最粗大的动脉血管，与左心室直接相连。

例句 The figure shows blood pressure changes that occur in the **aorta** during one cardiac cycle.

译文 图片显示了在一个心动周期内**主动脉**中发生的血压变化。

考频 近三年 12 次

114 vein [veɪn]

释义 *n.* 静脉

点拨 学生需要掌握静脉是循环系统中把血液从身体各部分运回心脏的血管。

例句 Name the main **vein** returning deoxygenated blood to the heart.

译文 写出将无氧血液运回心脏的主要**静脉**的名称。

考频 近三年 24 次

115 liver ['lɪvə(r)]

释义 *n.* 肝

点拨 学生需要掌握肝是参与多个重要生命代谢过程的器官，比如代谢毒物和产生尿素的过程均发生在肝内。

例句 **Liver** cells contain vesicles that have proteins in their membranes which are specific for the transport of glucose.

译文 **肝**细胞含有囊泡，这些囊泡的膜中含有特异性葡萄糖转运蛋白。

考频 近三年 23 次

116 pancreas ['pæŋkriəs]

释义 *n.* 胰腺

点拨 学生需要掌握胰腺是参与血糖浓度调控的一个内分泌腺，分泌胰高血糖素和胰岛素。

例句 The **pancreas** is involved in the control of blood glucose concentration.

译文 **胰腺**参与血糖浓度的调控。

考频 近三年 11 次

117 intestine [ɪn'testɪn]

释义 *n.* **小肠**

点拨 学生需要掌握小肠是一种隶属于消化系统的器官，营养物质比如葡萄糖和氨基酸在小肠中完成消化吸收。

例句 The TB antigens necessary to produce an immune response are proteins which would be digested in the stomach and **intestine**.

译文 发生免疫反应所必需的结核病抗原是在胃和**小肠**中被消化的蛋白质。

考频 近三年 6 次

118 stomach ['stʌmək]

释义 *n.* **胃**

点拨 学生需要掌握胃是一种隶属于消化系统的器官，胃里的酸性胃液用于消化食物。

例句 The TB antigens necessary to produce an immune response are proteins which would be digested in the **stomach** and intestine.

译文 发生免疫反应所必需的结核病抗原是在**胃**和小肠中被消化的蛋白质。

考频 近三年 11 次

119 microvilli [ˌmaɪkrəʊ'vɪlaɪ]

释义 *n.* **微绒毛**

点拨 学生需要掌握微绒毛是指细胞表面的指状突起，可扩大细胞的表面积。

例句 The **microvilli** of these cells are found only on the surface that borders the gut lumen.

译文 这些细胞的**微绒毛**只存在于与肠腔交界的表面。

考频 近三年 7 次

120 reabsorption [ˌriːəbˈsɔːpʃən]

释义 *n.* **重吸收**

点拨 学生需要掌握重吸收是肾脏将尿液中的有用物质选择性重新吸收的过程。

例句 Selective **reabsorption** takes place in the proximal convoluted tubule of a kidney nephron.

译文 选择性**重吸收**发生在肾单位的近曲小管。

考频 近三年 6 次

121 sensor [ˈsensə(r)]

释义 *n.* **传感器**

点拨 学生需要掌握传感器是实验中将收集到的信息转换成设备能处理的信号的元件或装置。

例句 When an air-filled space forms in a xylem vessel, a noise is made that can be detected as a ‘click’ by a **sensor** placed close to the xylem vessels in the trunk of a tree.

译文 当木质部导管中形成充满空气的空间时，会发出噪声，可以通过放置在树干中靠近木质部导管的**传感器**检测到“咔哒”声。

考频 近三年 29 次

122 glucagon [ˈgluːkəˌgɒn]

释义 *n.* **胰高血糖素**

点拨 学生需要掌握胰高血糖素是胰岛产生的一种激素，可以提高血糖浓度。

例句 State how **glucagon** reaches the liver cells.

译文 描述**胰高血糖素**如何到达肝细胞。

考频 近三年 13 次

123 homeostasis [ˌhəʊmiəˈsteɪsɪs]

释义 *n.* **内稳态**

点拨 学生需要掌握内稳态是生物体通过调节作用，使得各个器官、系统协调活动，共同维持内环境的相对稳定状态。

例句 **Homeostasis**, in mammals, is the process of keeping the internal environment of the body in optimum conditions so that cells can function efficiently.

译文 在哺乳动物中，**内稳态**是将身体内部环境保持在最佳条件下以使细胞能够有效运作的过程。

考频 近三年 16 次

124 hormone [ˈhɔːməʊn]

释义 *n.* **激素**

点拨 学生需要掌握激素是分泌细胞产生的一种化学物质，它们通过血流循环到达靶细胞，与特定靶细胞结合从而调节组织和器官的功能。

例句 Antidiuretic **hormone** (ADH) is involved in the maintenance of the water potential of the blood.

译文 抗利尿**激素**(ADH)与血液水势的维持有关。

考频 近三年 22 次

125 insulin [ˈɪnsjəlɪn]

释义 *n.* **胰岛素**

点拨 学生需要掌握胰岛素是胰岛产生的一种激素，可以降低血糖浓度。

例句 An increase in the concentration of thyroxine in the blood can lead to a condition called **insulin** resistance (IR).

译文 血液中甲状腺素浓度的增加可导致**胰岛素**抵抗（IR）。

考频 近三年 11 次

126 neurone ['njʊərɒn]

释义 *n.* **神经元**

点拨 学生需要掌握神经元即神经细胞，是神经系统的基本组成单位。

例句 Contrast the structure and function of sensory **neurones** and motor neurones.

译文 比较感觉**神经元**和运动神经元的结构和功能。

考频 近三年 56 次

127 nerve [nɜːv]

释义 *n.* **神经**

点拨 学生需要掌握神经是在周围神经系统中由聚集成束的神经纤维所组成的结构。

例句 Antibodies bind to a component of the junctions between a muscle and its **nerve**.

译文 抗体与肌肉和**神经**之间连接处的一种成分结合。

考频 近三年 19 次

128 brain [breɪn]

释义 *n.* **脑**

点拨 学生需要掌握中枢神经系统（Central Nervous System）是由脑和脊髓构成的。

例句 Projection neurones send impulses to the part of the **brain** that perceives pain.

译文 投射神经元向脑中感知疼痛的部分传递冲动。

考频 近三年 15 次

129 spinal cord

释义 **脊髓**

例句 Impulses from touch receptors in the skin pass along sensory neurones Aβ, which can also synapse with the projection neurones in the **spinal cord**.

译文 来自皮肤触觉感受器的冲动沿着感觉神经元 Aβ 传递，它也可以与**脊髓**中的投射神经元形成突触。

考频 近三年 7 次

130 synapse ['saɪnæps]

释义 *n.* **突触**

点拨 学生需要掌握突触位于两个神经元之间的空隙处，突触前膜通过释放神经递质到突触间隙，这些神经递质作用于突触后膜上的受体，将神经冲动传递到突触后膜。

例句 Describe the role of calcium ions in a cholinergic **synapse**.

译文 描述钙离子在胆碱能神经**突触**中的作用。

考频 近三年 14 次

131 axon ['æksɒn]

释义 *n.* **轴突**

点拨 学生需要掌握轴突是神经元的长神经纤维，负责传递神经冲动。

例句 Mammals have many types of neurones, which vary in **axon** diameter and myelination.

译文 哺乳动物有许多类型的神经元，其**轴突**直径和髓鞘各不相同。

考频 近三年 19 次

132 hypothalamus [ˌhaɪpəˈθæləməs]

释义 *n.* 下丘脑

点拨 学生需要掌握下丘脑位于脑垂体上方，参与体温调节、水盐调节等活动。

例句 The **hypothalamus** controls the core temperature by sending impulses to activate several physiological responses.

译文 **下丘脑**通过发送冲动激活几种生理反应来控制核心温度。

考频 近三年 13 次

133 neurotransmitter [ˈnjʊərəʊtrænzmɪtə(r)]

释义 *n.* 神经递质

点拨 学生需要掌握神经递质是一种通过突触传递神经冲动的化学物质。

例句 Alcohol inhibits exocytosis of **neurotransmitters** in synapses.

译文 酒精抑制突触中**神经递质**的胞吐作用。

考频 近三年 11 次

134 resting potential

释义 静息电位

点拨 学生需要掌握静息电位是指细胞膜未受刺激时，存在于细胞膜内外两侧的电位差。

例句 The **resting potential** of this chemoreceptor cell is –50 mV and the resting potential of the dendrite of this sensory neurone is –70 mV.

译文 这一化学受体细胞的**静息电位**为 –50 mV，而感觉神经元树突的静息电位则为 –70 mV。

考频 近三年 15 次

135 action potential

释义 **动作电位**

点拨 学生需要掌握动作电位是指可兴奋细胞受到刺激时，在静息电位的基础上产生的可扩布的电位变化。

例句 If two or more of these hairs are stimulated within a period of 20–35 seconds, **action potentials** are generated, causing the leaf to close quickly and trap the insect.

译文 如果在 20—30 秒内刺激其中两根或多根刺毛，就会产生**动作电位**，导致叶片迅速闭合并捕获昆虫。

考频 近三年 29 次

136 thermoregulation ['θɜːməʊˌregjʊ'leɪʃən]

释义 *n.* **体温调节**

点拨 学生需要掌握体温调节是控制生物体温度的一种稳态调节。

例句 **Thermoregulation** is the control of the core temperature of the body.

译文 **体温调节**是对机体核心温度的控制。

考频 近三年 8 次

137 actin ['æktɪn]

释义 *n.* **肌动蛋白**

点拨 学生需要掌握肌动蛋白是一种参与肌肉收缩的肌肉蛋白。

例句 **Actin** can exist in either a globular or a fibrous form.

译文 **肌动蛋白**可以以球状或纤维状的形式存在。

考频 近三年 14 次

138 bone [bəʊn]

释义 *n.* 骨

点拨 学生需要掌握骨是脊椎动物体中起支撑和连接作用的坚硬的结缔组织。

例句 Blood (haematopoietic) stem cells are taken from the **bone** marrow of the person.

译文 血液(造血)干细胞取自人的**骨**髓。

考频 近三年 12 次

139 tendon ['tendən]

释义 *n.* 肌腱

点拨 学生需要掌握肌腱是连接肌肉和骨骼的结缔组织。

例句 Which feature of collagen enables it to fulfil a structural role in skin and in **tendons**?

译文 胶原蛋白的哪个特征使其能够在皮肤和**肌腱**中发挥结构功能?

考频 近三年 6 次

140 endodermis [ˌendəʊ'dɜːmɪs]

释义 *n.* 内皮层

点拨 学生需要掌握内皮层是与根的皮层相邻的一层植物细胞。

例句 Use one label line to identify the **endodermis**.

译文 使用一条标签线来识别**内皮层**。

考频 近三年 4 次

141 cytokine ['saɪtəʊˌkaɪn]

释义 *n.* 细胞因子

点拨 学生需要掌握细胞因子是免疫细胞产生的用于信息交流的分子。

例句 Which types of cell are stimulated to divide by the **cytokines** produced by T-helper cells?

译文 辅助T细胞产生的**细胞因子**刺激哪些类型的细胞分裂?

考频 近三年25次

142 inflammation [ˌɪnfləˈmeɪʃ(ə)n]

释义 *n.* **炎症**

点拨 学生需要掌握炎症是一种非特异性免疫反应，炎症会使机体发生局部发红、肿胀以及发烧等现象。

例句 The number of infected cows was determined by testing for **inflammation** to the introduction of antigenic material into the skin.

译文 通过测试将抗原物质引入皮肤的**炎症**来确定受感染奶牛的数量。

考频 近三年9次

143 monocyte [ˈmɒnəsaɪt]

释义 *n.* **单核细胞**

点拨 学生需要掌握单核细胞是白细胞的一种，可以分化成巨噬细胞。

例句 Which cell is a **monocyte** in this micrograph?

译文 在这张显微照片中哪个细胞是**单核细胞**?

考频 近三年8次

144 neutrophil [ˈnjuːtrəˌfɪl]

释义 *n.* **中性粒细胞**

点拨 学生需要掌握中性粒细胞是最常见的一种白细胞，通过吞噬作用吞噬和消灭病原体。

例句 Which blood component is removed? B. **neutrophil**

译文 哪种血液成分被移除？ B. **中性粒细胞**

考频 近三年 6 次

145 phagocyte ['fægəsaɪt]

释义 *n.* 吞噬细胞

点拨 学生需要掌握吞噬细胞是通过吞噬作用消灭病原体的免疫细胞。

例句 **Phagocytes** play an important role in the immune response to a vaccine. Phagocytes contain many lysosomes.

译文 **吞噬细胞**在对疫苗的免疫反应中起着重要作用。吞噬细胞含有许多溶酶体。

考频 近三年 11 次

146 plasma cell

释义 浆细胞

点拨 学生需要掌握浆细胞是针对特定抗原产生大量抗体的一种免疫细胞。

例句 B-lymphocytes are activated to form **plasma cells** during immune responses.

译文 在免疫反应过程中 B 淋巴细胞被激活形成**浆细胞**。

考频 近三年 20 次

147 tetracycline [ˌtetrə'saɪklɪn]

释义 *n.* 四环素

点拨 学生需要掌握四环素是抗生素的一种，能够破坏细菌细胞。

例句 What explains the effect of **tetracycline** on human mitochondria?

译文 **四环素**对人体线粒体的作用是什么？

考频 近三年 3 次

148 antibody ['æntɪbɒdi]

释义 *n.* **抗体**

点拨 学生需要掌握抗体是由蛋白质构成的，其功能与蛋白质结构密切相关。

例句 State how the quaternary structure of a human **antibody** molecule differs from the quaternary structure of the shark antibody molecule.

译文 说明人**抗体**分子的四级结构与鲨鱼抗体分子的四级结构有何不同。

考频 近三年 35 次

149 antigen ['æntɪdʒən]

释义 *n.* **抗原**

点拨 学生需要掌握抗原是能使人和动物体产生免疫反应的一类物质。

例句 When exposed to an **antigen** for a second time, memory cells stimulate a secondary immune response.

译文 当第二次接触**抗原**时，记忆细胞会刺激二次免疫反应。

考频 近三年 21 次

150 lymphocyte ['lɪmfəsaɪt]

释义 *n.* **淋巴细胞**

点拨 学生需要掌握淋巴细胞主要包括 B 淋巴细胞和 T 淋巴细胞，了解 B 淋巴细胞、辅助性 T 淋巴细胞和杀伤细胞的作用。

例句 In the immune system, a plasma cell develops from an activated B-**lymphocyte**.

译文 在免疫系统中，浆细胞从活化的 B **淋巴细胞**发育而来。

考频 近三年 19 次

151 macrophage ['mækrəfeɪdʒ]

释义 *n.* 巨噬细胞

点拨 学生需要掌握吞噬细胞通过吞噬病原体起到免疫的作用。

例句 Describe how **macrophages** engulf bacteria.

译文 描述**巨噬细胞**如何吞噬细菌。

考频 近三年 11 次

152 passive immunity

释义 被动免疫

点拨 学生需要掌握被动免疫和主动免疫的区别，主动免疫的抗体由生物体主动产生，被动免疫则不然。常见的被动免疫如注射蛇毒血清，婴儿通过母乳获得母亲体细胞中产生的抗体。

例句 State the differences between artificial active immunity and natural **passive immunity**.

译文 说明人工主动免疫和自然**被动免疫**的区别。

考频 近三年 8 次

153 active immunity

释义 主动免疫

例句 State the differences between artificial **active immunity** and natural passive immunity.

译文 说明人工**主动免疫**和自然被动免疫的区别。

考频 近三年 3 次

154 vaccination [ˌvæksɪ'neɪʃ(ə)n]

释义 *n.* 疫苗接种

点拨 学生需要掌握疫苗接种能够为生物体提供长期免疫力，以及疫苗接种计划可以帮助控制传染病的传播。

例句 Describe how **vaccination** with a specific type of TSA could lead to the destruction of tumour cells by T-lymphocytes in the body.

译文 描述特定类型的 TSA **疫苗接种**是如何导致体内 T 淋巴细胞破坏肿瘤细胞的。

考频 近三年 28 次

155 vector ['vektə(r)]

释义 *n.* **病媒，载体**

点拨 学生需要掌握，在流行病学中载体又称为病媒，即疾病的携带者和传播者；而在生物学中载体是指利用 DNA 重组技术将 DNA 片段（目的基因）转移至受体细胞的一种能自我复制的 DNA 分子。

例句 Which disease is spread by a **vector**?

译文 哪种疾病是通过**病媒**传播的？

考频 近三年 23 次

156 lymph [lɪmf]

释义 *n.* **淋巴液**

点拨 学生需要掌握淋巴液是动物体内的一种无色透明液体，内含淋巴细胞，由组织液渗入淋巴管后形成。

例句 Which row correctly identifies components of both **lymph** and tissue fluid?

译文 哪一行正确识别了**淋巴液**和组织液的成分？

考频 近三年 62 次

157 autotroph ['ɔːtətrəʊf]

释义 *n.* **自养生物**

点拨 学生需要掌握自养生物指生态系统中能通过光合作用制造有机物的绿色植物、藻类和一些光能自养及异养微生物等。

例句 Organisms that can use an inorganic carbon source in the form of carbon dioxide are called **autotrophs**.

译文 能利用二氧化碳形式的无机碳源的生物称为**自养生物**。

考频 近三年 17 次

158 chlorophyll ['klɒrəfɪl]

释义 *n.* **叶绿素**

点拨 学生需要掌握叶绿素是存在于高等植物和其他所有能进行光合作用的生物体中的一类色素，具有捕获光能的作用。叶绿素包含叶绿素 a、b、c、d、f，以及原叶绿素和细菌叶绿素等。

例句 Describe the role of **chlorophyll** b in photosynthesis.

译文 描述**叶绿素** b 在光合作用中的作用。

考频 近三年 15 次

159 limiting factor

释义 **限制因素**

点拨 学生需要掌握限制因素特指限制光合作用的影响因素，包括光照强度、二氧化碳浓度和温度等。

例句 Explain why temperature can be a **limiting factor** of photosynthesis.

译文 解释为什么温度可以成为光合作用的**限制因素**。

考频 近三年 9 次

160 mesophyll ['mezəfɪl]

释义 *n.* 叶肉

点拨 学生需要掌握叶肉细胞是位于叶片上、下表皮之间，含有大量叶绿体的细胞，是植物进行光合作用的主要部位。多数植物的叶肉细胞分化为栅栏组织和海绵组织。

例句 A dicotyledonous leaf has a palisade **mesophyll** layer that is approximately twice as thick as the spongy mesophyll layer.

译文 双子叶植物的叶子具有栅栏状**叶肉**层，其厚度大约是海绵状叶肉层的两倍。

考频 近三年 14 次

161 alveolus [æl'viːələs]

释义 *n.* 肺泡

点拨 学生需要掌握该单词在考试中出现的更常见的复数形式 alveoli，能够描述肺泡的结构和功能。

例句 Which reactions take place in the capillaries surrounding an **alveolus**?

译文 哪些反应发生在**肺泡**周围的毛细血管中?

考频 近三年 16 次

162 bronchiole ['brɒŋkiəʊl]

释义 *n.* 细支气管

点拨 学生需要能够识别细支气管，描述细支气管的结构和功能。

例句 Describe the differences between the epithelium of **bronchioles** and the epithelium of alveoli, other than differences in the number of goblet cells.

译文 除了在杯状细胞数量上存在差异，描述**细支气管**上皮和肺泡上皮之间其他的差异。

考频 近三年 23 次

163 trachea [trə'kiːə]

释义 *n.* **气管**

点拨 学生需要能够识别气管，描述气管的结构和功能。

例句 Describe how the distribution of tissue X in the **trachea** differs from that shown in the figure.

译文 描述组织 X 在**气管**中的分布与图中所示的分布有何不同。

考频 近三年 18 次

164 bronchus ['brɒŋkəs]

释义 *n.* **支气管**

点拨 学生需要能够绘制气管壁和支气管壁的横截面图，能够识别支气管，描述支气管的结构和功能。

例句 Which row shows the tissues that are present in the wall of the trachea and the wall of the **bronchus**?

译文 哪一行显示了存在于气管壁和**支气管**壁中的组织？

考频 近三年 23 次

165 oxygen debt

释义 **氧债**

点拨 学生需要掌握氧债是指在运动结束时，为代谢肌肉中因无氧呼吸而积聚的乳酸所需的氧气量。

例句 The oxygen need to remove the lactate produced during lactic fermentation is called the **oxygen debt**.

译文 去除乳酸发酵过程中产生的乳酸所需的氧气称为**氧债**。

考频 近三年 8 次

166 Bowman's capsule

释义 **鲍曼囊**

点拨 学生需要能够描述鲍曼囊（一般用“肾小囊”）中超滤后过滤液的形成机制。

例句 Ultrafiltration in the kidney takes place between the glomerulus and the **Bowman's capsule**.

译文 肾脏中的超滤发生在肾小球和**鲍曼囊**之间。

考频 近三年 9 次

167 collecting duct

释义 **集合管**

点拨 学生需要掌握抗利尿激素（ADH）提高了肾远曲小管和集合管对水的通透性。

例句 Describe and explain the action of ADH on the cells of the **collecting duct** when the water potential of the blood decreases.

译文 描述并解释血液水势降低时抗利尿激素对**集合管**细胞的作用。

考频 近三年 12 次

168 osmoregulation [ˌɒzməʊˌregjʊˈleɪʃən]

释义 *n.* **渗透调节**

点拨 学生需要能够描述下丘脑（hypothalamus）、垂体后叶（posterior pituitary）、抗利尿激素（ADH）、水通道蛋白（aquaporin）和集合管

（collecting duct）在渗透调节中的作用。

例句 Describe the roles of ADH and the collecting ducts in **osmoregulation**.

译文 描述抗利尿激素和集合管在**渗透调节**中的作用。

考频 近三年 14 次

169 ultrafiltration [ˌʌltrəfɪlˈtreɪʃ(ə)n]

释义 *n.* **超滤**

点拨 学生需要能够描述在鲍曼囊超滤后过滤液的形成机制。

例句 Describe and explain how the structures in the Bowman's capsule and its associated blood supply are adapted to allow **ultrafiltration** to take place.

译文 描述并解释鲍曼囊的结构及其相关的血液供应是如何适应以允许**超滤**发生的。

考频 近三年 7 次

170 auxin [ˈɔːksɪn]

释义 *n.* **生长素**

点拨 学生需要能够解释生长素通过激活细胞膜上的 H^+-ATP 酶，酸化细胞壁，从而促进植物细胞生长。

例句 Explain how **auxin** causes plant cells to elongate.

译文 解释**生长素**如何使植物细胞伸长。

考频 近三年 6 次

171 antibiotic [ˌæntɪbaɪˈɒtɪk]

释义 *n.* **抗生素**

点拨 学生需要掌握抗生素如何作用于细菌以及为什么抗生素对病毒不起作用，能够解释细菌是如何对抗生素产生耐药性的。

例句 Rifampicin is an **antibiotic** used to treat tuberculosis.

译文 利福平是一种用于治疗结核病的**抗生素**。

考频 近三年 56 次

172 drug [drʌg]

释义 *n.* **药物**

点拨 学生需要掌握药物是一种物质，可以根据作用对象的不同，把药物分为抗细菌药物和抗病毒药物等。

例句 The table shows the mode of action of two antibacterial **drugs** that can affect the synthesis of proteins.

译文 表格显示了两种可影响蛋白质合成的抗细菌**药物**的作用方式。

考频 近三年 39 次

173 nicotine [ˈnɪkətiːn]

释义 *n.* **尼古丁**

点拨 学生需要掌握尼古丁具有成瘾性，使用尼古丁会出现心率加快和血压升高的现象。

例句 Describe the short-term effects of **nicotine** on the cardiovascular system.

译文 描述**尼古丁**对心血管系统的短期影响。

考频 近三年 16 次

174 tar [tɑː(r)]

释义 *n.* **焦油**

点拨 学生需要掌握焦油是指吸烟者使用的烟嘴内积存的一层棕色油腻物，俗称烟油。

例句 Which flow diagram correctly describes the effect of **tar** entering the lungs?

译文 哪个流程图正确描述了**焦油**进入肺部的影响？

考频 近三年 8 次

175 apoptosis [ˌæpəpˈtəʊsɪs]

释义 *n.* 凋亡

点拨 学生需要掌握细胞凋亡是指为了维持生物体内环境的稳定，由基因控制的细胞自主进行的有序性死亡。

例句 At various points during the mitotic cell cycle, checks are made. A cell goes through cell death (**apoptosis**) if errors occur that cannot be repaired.

译文 在有丝分裂细胞周期的不同时间点，进行检查。如果发生无法修复的错误，细胞就会经历细胞死亡（**凋亡**）。

考频 近三年 5 次

176 acetylcholine [ˌæsɪtaɪlˈkəʊliːn]

释义 *n.* 乙酰胆碱

点拨 学生需要掌握乙酰胆碱是一种重要的神经递质，在神经元之间传递信息，参与神经调节过程。

例句 ...release of **acetylcholine** into synapse.

译文 ……**乙酰胆碱**释放进突触中。

考频 近三年 9 次

177 adrenalin [əˈdrenəlɪn]

释义 *n.* 肾上腺素

点拨 学生需要掌握肾上腺素是肾上腺分泌的一种激素，在机体的物质代谢和神经冲动传递的过程中具有重要作用。

例句 **Adrenaline** acts on brown adipose cells.

译文 **肾上腺素**作用于棕色脂肪细胞。

考频 近三年 12 次

178 Bohr effect

释义 **玻尔效应**

点拨 学生需要掌握玻尔效应是指血液 pH 值降低或二氧化碳分压升高引起的血红蛋白运输氧气能力发生变化的现象。

例句 The change in partial pressure of carbon dioxide causes a **Bohr effect**.

译文 二氧化碳分压的改变引起了**玻尔效应**。

考频 近三年 8 次

179 chemoreceptor ['kiːməʊrɪseptə(r)]

释义 *n.* **化学感受器**

点拨 学生需要掌握化学感受器是一种对化学刺激作出反应的神经细胞。

例句 They function in a similar way to the **chemoreceptor** cells in the taste buds of the tongue.

译文 它们的功能与舌头味蕾中的**化学感受器**细胞相似。

考频 近三年 28 次

180 coronary artery

释义 **冠状动脉**

点拨 学生需要掌握冠状动脉是与主动脉直接相连，向心脏输送含氧血液的血管。

例句 Which blood vessels carry blood into the atria? 1. **coronary artery**.

译文 哪个血管携带血液进入心房？ 1. **冠状动脉**。

考频 近三年 21 次

Chapter 4

Biodiversity and Conservation

生物多样性和保护

181 domain [də'meɪn]

释义 *n.* 域

点拨 学生需要掌握域是生物分类法中的最高类别，包括古细菌域、真细菌域和真核生物域。

例句 Name the **domain** to which the E. coli belongs.

译文 写出大肠杆菌所属的**域**。

考频 近三年 11 次

182 kingdom ['kɪŋdəm]

释义 *n.* 界

点拨 学生需要掌握界是生物分类法中的第二类别，比如真核生物域中的植物界、动物界和真菌界等。

例句 Name the **kingdom** to which insects belong.

译文 写出昆虫所属的**界**。

考频 近三年 8 次

183 phylum ['faɪləm]

释义 *n.* 门

点拨 学生需要掌握门是生物分类法中的第三类别，比如真核生物域动物界中的节肢动物门。

例句 Spiders belong to the arthropod **phylum**.

译文 蜘蛛属于节肢动物**门**。

考频 近三年 2 次

184 class [klɑːs]

释义 *n.* 纲

点拨 学生需要掌握纲是生物分类法中的第四类别，比如节肢动物门中的蛛形纲和昆虫纲等。

例句 **Class** includes arachnids, crustaceans, myriapods, insects, other arthropod classes.

译文 **纲**包含蛛形纲、甲壳纲、多足纲、昆虫纲等。

考频 近三年 18 次

185 order [ˈɔːdə(r)]

释义 *n.* 目

点拨 学生需要掌握目是生物分类法中的第五类别，比如青蛙属于真核生物域、动物界、脊索动物门、两栖纲、无尾目。

例句 The hierarchy is shown in the figure but the group names are not in the correct order. The correct order is: 1. domain; 2. kingdom; 3. phylum; 4. class; 5. **order**; 6. family; 7. genus; 8. species.

译文 层次结构如图所示，但名称的顺序不正确，正确顺序为：1. 域，2. 界，3. 门，4. 纲，5. **目**，6. 科，7. 属，8. 种。

考频 近三年 1 次

186 family [ˈfæməli]

释义 *n.* 科

点拨 学生需要掌握科是生物分类法中的第六类别，比如青蛙属于真核生物域、动物界、脊索动物门、两栖纲、无尾目、蛙科。

例句 The hierarchy is shown in figure but the group names are not in the correct order. The correct order is: 1. domain; 2. kingdom; 3. phylum; 4. class; 5. order; 6. **family**; 7. genus; 8. species.

译文 层次结构如图所示，但名称的顺序不正确，正确顺序为：1. 域，2. 界，3. 门，4. 纲，5. 目，6. **科**，7. 属，8. 种。

考频 近三年 1 次

187 genus ['dʒiːnəs]

释义 *n.* **属**

点拨 学生需要掌握属是生物分类法中的第七类别，比如青蛙属于真核生物域、动物界、脊索动物门、两栖纲、无尾目、蛙科、蛙属。

例句 Myosotis is a **genus** of small flowering plants.

译文 勿忘草**属**是小型开花植物。

考频 近三年 5 次

188 species ['spiːʃiːz]

释义 *n.* **种，物种**

点拨 学生需要掌握种是生物分类法中的第八类别，是最基本的分类单元。

例句 Some plant **species** can take up heavy metal contaminants that are dissolved in soil water and then transport them within the plant.

译文 一些植物**物种**可以吸收溶解在土壤水分中的重金属污染物，然后在植物体内运输它们。

考频 近三年 192 次

189 animalia [ˌænɪˈmeɪlɪə]

释义 *n.* **动物界**

点拨 学生需要掌握动物界属于真核生物域，能够概述动物界的特点。

例句 Outline the characteristic features of the kingdom **Animalia**.

译文 概述**动物界**的特征。

考频 近三年 5 次

190 archaea [ɑːˈkiːə]

释义 *n.* **古细菌域**

点拨 学生需要能够概述古细菌域的特点。

例句 In several ways, the **Archaea** appear to have more in common with the Eukarya than with Bacteria.

译文 在几个方面，**古细菌域**与真核生物的共同点似乎多于与细菌的共同点。

考频 近三年 19 次

191 eukarya [uːˈkeərɪəə]

释义 *n.* **真核生物域**

点拨 学生需要能够概述真核生物域的特点。

例句 Members of the **Eukarya** domain share similar features but will also have several differences.

译文 **真核生物域**的成员具有相似的特征，但也有一些差异。

考频 近三年 4 次

192 fungi [ˈfʌŋgiː]

释义 *n.* **真菌界**

点拨 学生需要能够描述真核生物的特点。

例句 Complete the table by stating the differences between the kingdoms **Fungi** and Plantae.

译文 通过说明**真菌界**和植物界之间的差异来填表。

考频 近三年 13 次

193 plantae ['plænˌtiː]

释义 *n.* **植物界**

点拨 在问答题中会考查植物界生物的特点。

例句 Complete the table by stating the differences between the kingdoms Animalia and **Plantae**.

译文 通过说明动物界和**植物界**之间的差异来填表。

考频 近三年 1 次

194 binomial system

释义 **双名法**

点拨 学生需要掌握双名法是瑞典科学家林奈提出的一种命名法，用“属 + 种”的形式来命名生物。

例句 The **binomial system** was developed by the Swedish scientist Linnaeus in the 18th century.

译文 瑞典科学家林奈在 18 世纪提出了**双名法**。

考频 近三年 2 次

195 growth [grəʊθ]

释义 *n.* **成长，生长**

点拨 学生需要掌握生长是所有生物具有的一个特点，比如细菌生长的限制通常考查抗生素（antibiotic）的作用，植物的生长通常考查植物激素（plant hormone）的作用。

例句 the minimum concentration of rifampicin required to inhibit **growth** of the bacterial strain

译文 抑制菌株**生长**所需的最低利福平浓度

考频 近三年 79 次

196 continuous variation

释义 **连续变异**

点拨 学生需要能够解释连续变异和不连续变异的含义，以及连续变异和不连续变异的遗传基础。

例句 Height and mass are examples of phenotypic traits that show **continuous variation**.

译文 身高和体重是表现出**连续变异**的表现型性状的例子。

考频 近三年 3 次

197 disruptive selection

释义 **分裂选择**

点拨 学生需要掌握分裂选择是环境因素作为选择压力的一种表现，自然选择可分为稳定性选择、分裂选择、单向性选择等。

例句 Explain what is meant by **disruptive selection**.

译文 解释**分裂选择**的含义。

考频 近三年 3 次

198 evolution [ˌiːvəˈluːʃ(ə)n]

释义 *n.* **进化**

点拨 学生需要能够概述进化是导致一个新物种形成的原因，能够解释 DNA 序列的变化如何揭示物种间的进化关系。

例句 Many different Myosotis species grow on the islands of New Zealand, which are an important site of Myosotis **evolution**.

译文 勿忘草的许多不同物种生长在新西兰的岛屿上，这些岛屿是勿忘草**进化**的重要场所。

考频 近三年 5 次

199 ecological [ˌiːkəˈlɒdʒɪk(ə)l]

释义 *adj.* **生态的**

点拨 学生需要了解生态的概念，生态是指生物在一定的环境下生存和发展的状态，以及生物与所处环境间的相互作用。

例句 Outline how an **ecological** survey can measure the biodiversity of a terrestrial habitat.

译文 概述**生态(的)**调查如何衡量陆地栖息地的生物多样性。

考频 近三年 14 次

200 ecosystem [ˈiːkəʊsɪstəm]

释义 *n.* **生态系统**

点拨 学生需要能够解释在不同层面如何评估生态系统中的生物多样性。

例句 Sampling is used to find out the variety of species in an **ecosystem** and the size of the population of each species.

译文 抽样用于调查**生态系统**中物种的多样性以及每个物种的种群规模。

考频 近三年 15 次

201 sensitivity [ˌsensəˈtɪvəti]

释义 *n.* **敏感性**

点拨 学生需要掌握敏感性是生物具有的一个特点。

例句 Suggest how decreased **sensitivity** to insulin affects target cells.

译文 说明对胰岛素的**敏感性**降低是如何影响靶细胞的。

考频 近三年 6 次

202 taxonomy [tækˈsɒnəmi]

释义 *n.* **分类学**

点拨 学生需要掌握分类学是一种研究分类方法和实践的学科。

例句 **Taxonomy** is the study and practice of classification, which involves placing organisms in a series of taxonomic units, or taxa.

译文 **分类学**是对分类的研究和实践，包括将生物置于一系列分类单元或分类群中。

考频 近三年 4 次

203 artificial selection

释义 **人工选择**

点拨 学生需要掌握人工选择不同于自然选择，人工选择是对植物或动物的人为有意繁殖。

例句 Humans have used selective breeding (**artificial selection**) for thousands of years to improve the quality of livestock.

译文 数千年来，人类一直在使用选择性育种（**人工选择**）来提高牲畜的质量。

考频 近三年 7 次

204 gene flow

释义 基因流动

点拨 学生需要掌握基因流动是指基因从一个种群转移到另一个种群的过程，与新物种的形成有关。

例句 This percentage was used as a measure of **gene flow**.

译文 这个百分比被用来衡量**基因流动**。

考频 近三年 20 次

205 hybridisation [ˌhaɪbrɪdaɪˈzeɪʃən]

释义 *n.* 杂交

点拨 学生需要掌握杂交是指两个不同的生物通过有性繁殖繁育后代的过程。

例句 **Hybridisation** has occurred between individuals of the two subspecies which now live in the area previously covered by the ice sheet.

译文 这两个亚种的个体之间发生了**杂交**，它们现在生活在以前被冰原覆盖的地区。

考频 近三年 5 次

206 speciation [ˌspiːʃɪˈeɪʃ(ə)n]

释义 *n.* 物种形成

点拨 学生需要掌握物种形成，即新物种的形成，与物种进化紧密相关。

例句 Use this information to name and explain the type of **speciation** that may have occurred in the evolution of these two species.

译文 利用这些信息来命名和解释这两个物种进化过程中可能发生的**物种形成**类型。

考频 近三年 7 次

207 captive breeding programme

释义 **圈养繁殖计划**

点拨 学生需要掌握圈养繁殖计划是指在人为控制的环境下，为了保护濒危物种、促进物种繁衍、开展科学研究或满足展览需求等目的，对特定动物进行繁殖管理的一系列规划和措施。

例句 Some zoos use assisted reproduction techniques, such as embryo transfer, in their **captive breeding programmes** for endangered species.

译文 一些动物园在其濒危物种**圈养繁殖计划**中使用辅助繁殖技术，如胚胎移植。

考频 近三年 3 次

208 climate ['klaɪmət]

释义 *n.* **气候**

点拨 学生需要掌握气候是指较大范围区域的较长时间的天气的平均状况。

例句 Which fatty acids would be more likely to form triglycerides in mammals that live in cold **climates**?

译文 生活在寒冷**气候**中的哺乳动物的哪些脂肪酸更有可能形成甘油三酯?

考频 近三年 13 次

209 community [kə'mju:nəti]

释义 *n.* **群落**

点拨 学生需要掌握群落是在相同时间聚集在一定地域或生境中各种生物种群的集合。

例句 The organisms in the pond **community** are therefore very different from those of the surrounding ecosystem.

译文 池塘**群落**中的生物因此与周围生态系统中的生物非常不同。

考频 近三年 3 次

210 habitat ['hæbɪtæt]

释义 *n.* **栖息地**

点拨 学生需要掌握栖息地是指生物出现在环境中的空间范围与环境条件的总和。

例句 The table shows the relationship between the RMT and the concentration of urine produced by four mammals from different **habitats**.

译文 表格显示了 RMT 与来自不同**栖息地**的四种哺乳动物的尿液浓度之间的关系。

考频 近三年 23 次

211 population [ˌpɒpjuˈleɪʃ(ə)n]

释义 *n.* **种群**

点拨 学生需要掌握种群是指在一定时间和一定空间范围内，同一物种的所有个体的集合。

例句 The figure shows the distribution of fur colour in a **population** of mice.

译文 图片显示了小鼠**种群**中毛色的分布。

考频 近三年 120 次

212 predator ['predətə(r)]

释义 *n.* **捕食者**

点拨 学生需要掌握捕食者是一种异养生物，以其他生物为食，比如食草动物和食肉动物。

例句 The grey wolf, Canis lupus, is a large **predator**.

译文 灰狼（Canis lupus），是一种大型**捕食者**。

考频 近三年 7 次

213 weather ['weðə(r)]

释义 *n.* **天气**

点拨 学生需要掌握天气是指某一时间某一地区的大气状况，学生需准确区分天气和气候的概念。

例句 Suggest why some animals curl up their bodies in cold **weather**.

译文 讨论为什么有些动物在寒冷的**天气**里会蜷缩着身体。

考频 近三年 3 次

214 abundance [ə'bʌndəns]

释义 *n.* **丰度**

点拨 学生需要掌握丰度是指某一物种在特定生态系统中的丰富程度，通常用百分含量来表示。

例句 The **abundance** of the deer mouse is higher in areas with only saltcedar trees than in areas with a mixture of native tree species and saltcedar trees.

译文 鹿鼠的**丰度**在只有盐杉树的地区比在本地树种和盐杉树混合的地区要高。

考频 近三年 7 次

215 chi-squared test

释义 **卡方检验**

点拨 学生需要掌握卡方检验是一种统计检验方法，可以用来确定观测数据与预测数据之间是否有显著区别。

例句 The **chi-squared test** (χ^2 test) was used to analyse the data in the table.

译文 **卡方检验**（χ^2 检验）用于分析表中的数据。

考频 近三年 6 次

216 genetic diversity

释义 **遗传多样性**

点拨 学生需要掌握遗传多样性通常是指在一个种群内的基因多样性，可以用来描述和分析生物多样性。

例句 Biodiversity within an area can be assessed at different levels, including the species diversity, **genetic diversity** and ecological diversity.

译文 一个地区的生物多样性可以从不同的层面进行评估，包括物种多样性、**遗传多样性**和生态（系统）多样性。

考频 近三年 5 次

217 endemic [en'demɪk]

释义 *adj.* **地方性的**

点拨 学生需要掌握地方性是指特定地区区域性的一种特征，比如袋鼠是澳大利亚的一种地方性生物。

例句 TB is an **endemic** disease in many populations across the world and many countries have high numbers of cases.

译文 结核病是在世界各地的许多人群中流行的**地方性（的）**流行病，许多国家的病例数量都很高。

考频 近三年 2 次

218 null hypothesis

释义 **原假设**

点拨 学生需要掌握原假设是在统计检验中为进行检验而预先做出的假设。学生应能够写出相关性系数检验、t 检验和卡方检验的原假设。

例句 These critical values are used for testing the **null hypothesis** that there is no correlation between two sets of data.

译文 这些临界值用于检验两组数据之间没有相关性的**原假设**。

考频 近三年 19 次

219 Spearman's rank correlation coefficient

释义 **斯皮尔曼等级相关系数**

点拨 学生需要掌握斯皮尔曼等级相关系数是一种用来描述两组数据相关性的统计量。

例句 The students calculated the **Spearman's rank correlation coefficient** for their data on leaf surface area and the time taken for 10 cm^3 of water to drain through the soil sample.

译文 学生们计算了叶片表面积数据和 10 cm^3 水从土壤样本中流出所需时间的**斯皮尔曼等级相关系数**。

考频 近三年 11 次

220 retrovirus ['retrəʊvaɪrəs]

释义 *n.* **逆转录病毒**

点拨 学生需要掌握逆转录病毒是一种 RNA 病毒，通过逆转录在宿主细胞中产生病毒 DNA，比如 HIV 就是一种逆转录病毒。

例句 A modified **retrovirus** is used to insert the new gene into the DNA of the blood stem cells. State two ethical considerations of using a retrovirus for gene therapy.

译文 使用改良的**逆转录病毒**将新基因插入造血干细胞的 DNA 中。说明使用逆转录病毒进行基因治疗的两个伦理考虑因素。

考频 近三年 4 次

221 aseptic technique

释义 **无菌技术**

点拨 学生需要掌握无菌技术是一种使实验环境不存在致病微生物的技术。

例句 Do not give details of using **aseptic technique** (techniques to prevent contamination of the student, the environment or other people).

译文 不用给出使用**无菌技术**（防止污染学生、环境或其他人的技术）的细节。

考频 近三年 4 次

222 calibration [ˌkælɪˈbreɪʃn]

释义 *n.* **校准，刻度**

点拨 学生需要掌握校准是根据已有标准来检测两个不同实验系统所得数值是否准确的一种方式。

例句 Use the **calibration** of the eyepiece graticule unit to calculate the actual diameter of the section.

译文 使用目镜网格单元的**刻度**来计算截面的实际直径。

考频 近三年 17 次

223 capsid [ˈkæpsɪd]

释义 *n.* **衣壳**

点拨 学生需要掌握衣壳是指病毒的外壳，衣壳由蛋白质构成。

例句 It is a **capsid** made of lipid and protein.

译文 这是一种由脂质和蛋白质构成的**衣壳**。

考频 近三年 7 次

224 correlation [ˌkɒrəˈleɪʃ(ə)n]

释义 *n.* **相关性**

点拨 学生需要掌握相关性是指两个或多个变量之间相互关联的程度和方向，可以通过斯皮尔曼等级相关系数进行统计分析。

例句 The student analysed the data using Spearman’s rank **correlation** test.

译文 该学生使用斯皮尔曼等级**相关性**检验对数据进行了分析。

考频 近三年 26 次

225 culture [ˈkʌltʃə(r)]

释义 *v.* **培养**　*n.* **培养**

点拨 学生需要掌握培养是指在实验室中或特定实验条件下提供营养给实验体的过程，比如细菌培养和组织培养等。

例句 The gene that codes for human factor Ⅷ can be transferred into mammalian cells in tissue **culture**.

译文 编码人类因子Ⅷ的基因可以通过组织**培养**转移到哺乳动物细胞中。

考频 近三年 96 次

226 envelope [ˈenvələʊp]

释义 *n.* **包膜**

点拨 学生需要掌握包膜是包围在多种病毒表面的一层脂质双层膜。

例句 They all have an outer **envelope** made of phospholipids.

译文 它们都有一层由磷脂构成的**包膜**。

考频 近三年 8 次

227 generation time

释义 **世代时间**

点拨 学生需要掌握世代时间是指不同物种繁殖的时间间隔，比如细菌分裂间隔的时间长度。

例句 The figure shows the relationship between the rate of evolution and the **generation time** for a wide range of different species.

译文 图片显示了各种不同物种的进化率和**世代时间**之间的关系。

考频 近三年 8 次

228 pathogen ['pæθədʒən]

释义 *n.* **病原体**

点拨 学生需要掌握病原体是指能引起人和动植物病害的微生物，比如一些细菌、真菌、病毒和寄生虫等。

例句 Name the **pathogen** that causes measles.

译文 写出引起麻疹的**病原体**。

考频 近三年 40 次

229 sterile ['steraɪl]

释义 *adj.* **无菌的**

点拨 学生需要掌握“无菌的”这一形容词是用来描述没有活的微生物存在的状态。

例句 A **sterile** cotton wool bung was used in the top of the flask containing the fresh broth culture of B. subtilis to protect the culture from contamination.

译文 将装有枯草芽孢杆菌的新鲜肉汤培养基的烧瓶顶部用**无菌（的）**棉木塞塞住，以保护培养物免受污染。

考频 近三年 11 次

230 valid ['vælɪd]

释义 *adj.* **有效的**

点拨 学生需要掌握“有效的”这一形容词是用来描述建议或手段的可执行程度。

例句 Which suggestions about the transport and accumulation of heavy metals are **valid**?

译文 关于重金属的运输和堆积，哪些建议是**有效的**？

考频 近三年 13 次

231 diuretic [ˌdaɪjuˈretɪk]

释义 *adj.* **利尿的** *n.* **利尿剂**

点拨 学生需要掌握利尿剂可以导致生物体的排尿增加。

例句 Anti **diuretic** hormone (ADH) is involved in the maintenance of the water potential of the blood.

译文 抗**利尿（的）**激素（ADH）参与维持血液的水势。

考频 近三年 10 次

232 emphysema [ˌemfɪˈsiːmə]

释义 *n.* **肺气肿**

点拨 学生需要掌握肺气肿是一种由于肺泡的过度膨胀而导致的长期肺损伤，属于慢性阻塞性肺病。

例句 **Emphysema** is a type of chronic obstructive pulmonary disease.

译文 **肺气肿**是一种慢性阻塞性肺病。

考频 近三年 8 次

233 haemophilia [ˌhiːmə'fɪliə]

释义 *n.* **血友病**

点拨 学生需要掌握血友病是一种伴 X 染色体隐性遗传病，是一种因缺乏凝血因子导致血浆凝结时间延长的遗传病。

例句 A person with **haemophilia** has a mutation in a gene on the X chromosome, which results in the lack of a blood clotting factor.

译文 **血友病**患者 X 染色体上的一个基因发生突变，导致缺乏凝血因子。

考频 近三年 17 次

234 malaria [mə'leəriə]

释义 *n.* **疟疾**

点拨 学生需要掌握疟疾是一种疟原虫入侵人体红细胞的传染病。

例句 A sample of blood from a person suspected of having **malaria** is put into the well labelled S medium.

译文 将一名疑似**疟疾**患者的血液样本放入标有 S 的培养基中。

考频 近三年 31 次

235 measles ['miːz(ə)lz]

释义 *n.* **麻疹**

点拨 学生需要掌握麻疹是一种传染性疾病，患者的特征是发烧和皮肤长红疹。

例句 Many infectious diseases, such as **measles** and influenza, only affect us for a short period of time.

译文 许多传染病，比如**麻疹**和流感，只在短时间内影响我们。

考频 近三年 17 次

236 complementary DNA

释义 **互补 DNA**

点拨 学生需要掌握互补 DNA 是一种可以作为人工基因的 DNA，可以通过 RNA 逆转录形成。

例句 Name the enzyme that uses messenger RNA as a template to produce **complementary DNA**.

译文 写出利用信使 RNA 作为模板产生**互补 DNA** 的酶。

考频 近三年 4 次

237 DNA profiling

释义 **DNA 图谱**

点拨 学生需要掌握 DNA 图谱是一种确定一个人 DNA 特征的分析技术。

例句 In 1984, the geneticist Alec Jeffreys invented a DNA testing technique, known as **DNA profiling**, that produces a DNA banding pattern on a gel.

译文 1984 年，遗传学家亚历克·杰弗里斯发明了一种 DNA 检测技术，称为 **DNA 图谱**，可以在凝胶上产生 DNA 条带图案。

考频 近三年 8 次

238 recombinant DNA

释义 **重组 DNA**

点拨 学生需要掌握重组 DNA 是将目的基因（外源 DNA 分子）用 DNA 连接酶在体外连接到适当的载体上而产生的 DNA。

例句 Outline two different ways of using **recombinant DNA** technology to treat these diseases.

译文 概述使用**重组 DNA** 技术治疗这些疾病的两种不同方法。

考频 近三年34次

239 genetic engineering

释义 **基因工程**

点拨 学生需要掌握基因工程是对生物遗传物质进行编辑和操作的工程。

例句 **Genetic engineering** involves the manipulation of naturally occurring enzymes and processes.

译文 **基因工程**涉及对天然酶和生物过程的操作。

考频 近三年28次

240 monoclonal antibody

释义 **单克隆抗体**

点拨 学生需要掌握单克隆抗体是由单个B细胞或一个杂交瘤细胞产生的抗体。

例句 Why are spleen cells fused with myeloma cells during **monoclonal antibody** production?

译文 为什么在**单克隆抗体**的生产过程中脾细胞要与骨髓瘤细胞融合？

考频 近三年7次

Note

图书在版编目(CIP)数据

A-Level生物核心词汇真经：汉文、英文 / 刘洪波主编；学为贵国际备考团队编著. --北京：中国人民大学出版社，2025.2. -- ISBN 978-7-300-33616-9

Ⅰ.Q

中国国家版本馆CIP数据核字第2025XC1212号

A-Level生物核心词汇真经

刘洪波　主编

学为贵国际备考团队　编著

A-Level Shengwu Hexin Cihui Zhenjing

出版发行	中国人民大学出版社		
社　址	北京中关村大街31号	邮政编码	100080
电　话	010-62511242（总编室）		010-62511770（质管部）
	010-82501766（邮购部）		010-62514148（门市部）
	010-62515195（发行公司）		010-62515275（盗版举报）
网　址	http://www.crup.com.cn		
经　销	新华书店		
印　刷	唐山玺诚印务有限公司		
开　本	890 mm × 1240 mm　1/32	版　次	2025年2月第1版
印　张	3	印　次	2025年2月第1次印刷
字　数	72 000	定　价	30.80元